养殖致富攻略·疑难问题精解

养殖场科学用药

YANGZHICHANG KEXUE
YONGYAO 210WEN

翟少钦　李成洪　朱买勋　主编

U0238894

中国农业出版社

北　京

图书在版编目（CIP）数据

养殖场科学用药 210 问 / 翟少钦，李成洪，朱买勋主编 . —北京：中国农业出版社，2020.1
（养殖致富攻略·疑难问题精解）
ISBN 978 - 7 - 109 - 25390 - 2

Ⅰ.①养…　Ⅱ.①翟…②李…③朱…　Ⅲ.①家禽-禽病-用药法-问题解答②家畜-动物疾病-用药法-问题解答　Ⅳ.①S859.79 - 44

中国版本图书馆 CIP 数据核字（2019）第 059265 号

中国农业出版社出版
地址：北京市朝阳区麦子店街 18 号楼
邮编：100125
责任编辑：黄向阳　刘宗慧
版式设计：王　晨　　责任校对：巴洪菊
印刷：北京中兴印刷有限公司
版次：2020 年 1 月第 1 版
印次：2020 年 1 月北京第 1 次印刷
发行：新华书店北京发行所
开本：880mm×1230mm　1/32
印张：7　　　插页：2
字数：200 千字
定价：28.00 元

编写人员

主　　编：翟少钦　　李成洪　　朱买勋

副 主 编：闫志强　　唐红梅　　王晓中　　伍　涛

编　　者：翟少钦　　李成洪　　朱买勋　　闫志强
　　　　　唐红梅　　王晓中　　伍　涛　　付文贵
　　　　　杨　柳　　陈春林　　付利芝　　郑　华
　　　　　张邑帆　　杨　睿　　沈克飞　　徐登峰
　　　　　许国洋　　周　雪　　王孝友　　张素辉
　　　　　周淑兰　　曹国文　　任远志　　余　龙
　　　　　冯　刚

本书有关用药的声明

　　随着兽医科学研究的发展、临床经验的积累及知识的不断更新，治疗方法及用药也必须或有必要做相应的调整。建议读者在使用每一种药物之前，参阅厂家提供的产品说明书以确认推荐的药物用量、用药方法、所需用药的时间及禁忌等，并遵守用药安全注意事项。执业兽医有责任根据经验和对患病动物的了解决定用药量及选择最佳治疗方案。出版社和作者对动物治疗中所发生的损失或损害，不承担任何责任。

中国农业出版社

　　药物在畜牧业健康发展中发挥着十分重要的作用，从过去主要用来治疗畜禽疾病，发展为用于治疗、预防、促生长、饲料添加、环境消毒等各个生产环节，抗生素、维生素和矿物质元素等成为保障畜牧业发展必不可少的物质。然而，由于药物在畜牧业中的广泛应用，随之产生了一些新的问题，特别是在滥用药物的情况下，问题就更加严重，如抗生素引起的内源性感染、细菌耐药性的产生、畜禽免疫力的下降及药物在畜产品中残留造成的食品安全问题等，都对养殖业及人体健康产生了很大的负面影响。

　　为了帮助养殖户尤其是规模养殖场正确合理地使用兽药，降低养殖成本，提高经济效益，保障畜牧业健康可持续发展，提高畜产品品质，让药物更好地为畜牧业和人类服务，特地组织专家编写了《养殖场科学用药210问》，供大家参考。

　　本书采用问答的形式，紧紧围绕畜禽用药中的关键性问题，结合生产实际，以实用、易学、经济有效的技术为重点，兼顾先进技术，选择了养殖业用药中常见的 210 个问题，分为九章进行了叙述。本书行文力求通俗易懂、简单适用、重点突出，尽量结合临床实际。

本书根据养殖实践及临床治疗经验，用表格的形式为养殖户展示了养殖场（猪、家禽、牛羊及兔）在饲养过程中常见疾病的治疗用药方案。近年，农业农村部相继发布了2438、2638号公告，原农业部也更名为农业农村部，因此，我们在编写过程中特别注意引用了最新的与兽药有关的内容。

由于编写时间仓促，编著者临床实践资料整理不充分，书中难免有不妥之处，敬请广大读者提出批评、修改意见。

编　者

2019 年 2 月

目录
CONTENTS

第一章

兽药的基础知识

1 什么是兽药？什么是剂型？

兽药是指用于预防、治疗、诊断动物疾病或者有目的地调节动物生理机能的物质（含药物饲料添加剂）。主要包括血清制品、疫苗、诊断制品、微生态制品、中药材、中成药、化学药品、抗生素、生化药品、放射性药品及外用杀虫剂、消毒剂等。

剂型是指根据医疗、预防等的需要，将药物加工制成具有一定规格、一定形态而有效成分不变，以便于使用、运输和保存的药物应用形式，称为药物剂型，简称剂型。目前兽药的剂型按给药途径和应用方法可分为经胃肠道给药的剂型和不经胃肠道给药的剂型两大类。前者如散剂、冲剂、丸剂、片剂、糊剂、胶囊剂、合剂等内服剂型和直肠给药的灌肠剂等；后者则又可以分为注射给药剂型（如注射剂）、黏膜给药剂型（如滴鼻剂、滴眼剂等）、皮肤给药剂型（如涂皮剂、洗剂、搽剂、软膏剂等）及呼吸道给药剂型（如吸入剂、气雾剂等）。而按形态分类可分为液体剂型、半固体剂型、固体剂型和气雾剂型四大类。

2 兽药怎样储藏与保管？

应根据不同的兽药采用不同的储藏和保管方法，一般兽药的包装上都有说明，应仔细阅读，妥善保管，否则会使兽药在有效期内失效。

（1）在空气中易变质的兽药，如遇光易分解、易吸潮、易风化的药品应装在密封的容器中，于遮光、阴凉处保存。

（2）受热易挥发、易变质和易分解的药品，需在 3～10 ℃条件下保存。

（3）易燃、易爆、有腐蚀性和有毒的药品，应单独置于低温处或专库内双人双锁贮放，注意不得与内服药品混合贮存。

（4）化学性质作用相反的药品，应分开存放，如酸类与碱类药品。

（5）具有特殊气味的药，应密封后与其他药品隔离贮存。

（6）有效期药品，应分期、分批贮存，并专设卡片，近期先用，以防过期失效。

（7）专供外用的药品，应与内服药品分开贮存。杀虫、灭鼠药有毒，应单独存放。

（8）名称容易混淆的药品，要注意分别贮存，以免发生差错。

药品的性质不同，应选用不同的瓶塞，如氯仿、松节油宜用磨口玻璃塞，禁用橡皮塞，氢氧化钠则相反。另外，用纸盒、纸袋、塑料袋包装的药品，要注意防止鼠咬及虫蛀。

3 如何从外观上辨认假劣兽药？

现在，市场上的兽药种类繁多，需要我们掌握一定的知识来辨别真假。

（1）兽药包装　兽药包装必须贴有标签，注明"兽用"字样并附有说明书；说明书的内容也可印在标签上。

标签或者说明书必须注明商标、兽药名称（通用名和商品名）、规格、企业名称、地址、批准文号和产品批号、剧毒药标记，写明兽药主要成分及含量、用途、用法与用量、毒副反应、适应证、禁忌、有效期、注意事项和贮存条件等。

说明文字明确，无错字、漏字，印刷质量也较好，字迹清晰，颜色深浅均匀。兽药批准文号必须按农业农村部规定的统一编号格式，如果使用文件号或用其他编号代替，冒充兽药生产批准文号，该产品视为无批准文号产品，同样以假兽药进行处理。

检查内包装上是否附有检验合格标志，包装箱内有无检验合格证。用瓶包装的应检查瓶盖是否密封，封口是否严密，有无松动现象，检查有无裂缝或药液渗出。

检查包装上是否具有二维码，消费者可以通过兽药包装二维码的信息准确辨识兽药质量的优劣。见彩图1。

（2）**药品形状** 药品形状有的能直接反映药品的内在质量，对鉴别药品有着极其重要的意义，下面就几种重要制剂的鉴别做一些简单介绍：

① 针剂：液体注射剂的包装应严密，药液澄明度好，色泽均匀一致，无变色、沉淀、混浊、结晶、长霉等现象；注射剂的装量应与标示量相符，装量差异在药典允许的范围内。见彩图2至彩图8。

② 粉剂：黏瓶，结块，出现黑点及色泽变化，说明已变质。见彩图9至彩图10。

③ 散剂（含饲料添加剂）：散剂应干燥疏松，颗粒均匀，色泽一致，无吸潮结块、霉变和发黏等现象。见彩图11、彩图12。

④ 中药材：主要看其有无吸潮霉变、虫蛀、鼠咬等，出现上述现象不宜继续使用。见彩图13、彩图14。

⑤ 片剂：形状应一致，色泽均匀，片面光滑，无毛糙起孔现象；无附着细粉，颗粒；无杂质，无污垢色斑；包衣颜色应均一，无色斑，且厚度均匀，表面光洁，破开包衣后，片芯的颗粒应均匀，颜色分布均一，无杂质。另外，片剂的硬度应适中，无磨损、粉化、易碎现象，也无过硬现象，其气味、味感应正常，符合该药物的特征物理性状，如片剂上有字，字迹应清晰、均一、规范（彩图15、彩图16）。

4 药物与毒物有何区别？

实际上，药物与毒物之间并不存在绝对的界限，而只能以引起中毒剂量的大小将它们相对地加以区别。药物如果用量过大，往往会引起中毒；反之，毒物如果用量很少而往往可以治疗疾病。例如，敌百虫属毒、剧药，但在用其小剂量内服时，也可驱除畜禽肠道的多种线虫。但应该承认，药物与毒物之间存在着用量与安全度的差异，药物的用量与安全度都较大，而毒物的用量与安全度都较小，用时应特别加以注意。

5 什么是耐药反应或抗药性？怎样防止和克服耐药性？

耐药性又叫抗药性，是指病原体对药物不敏感或敏感性下降。耐药性可分为天然耐药性和获得耐药性，前者由遗传因素所决定，后者是病原体与药物多次接触后，产生了结构、生理及生化功能的改变，从而对药物的敏感性下降或完全消失。当某一病原体对某种药物产生耐药性后，有时对同类的其他药物也会产生耐药性，这种情况称为交叉耐药性。

可以采用以下方法来防止和克服耐药性：

（1）加强辅助疗法 适时采用辅助疗法，如加强饲养管理，清洁、消毒圈舍，同时配合使用祛痰、利尿、健胃药物，以增强机体抵抗力，提高疗效。

（2）准确对症下药 搞清病因，及时确诊，选用高敏、高效的药物进行治疗，同时根据病情变化，辨因施治，对症下药，及时调整、更换治疗措施。

（3）保证用药疗程 用药疗程应根据畜禽疾病的类别、病情的具体情况而定，疗程一定要充足。对某些急性传染病、寄生虫病或某些慢性顽固性疾病，一般3～5日为一个疗程，在症状消失后再巩固用药1～2日，以求彻底治愈。要严格按照合理的疗程用药，不要初见疗效就过早停药，避免疾病复发又后续用药。

（4）合理联合用药 由于某些细菌已对某些药物产生耐药性，或单一使用一种药物已不能控制混合感染，用药时应考虑多种药物联合使用，也可轮换用药。例如，各种磺胺类药物之间有交叉耐药性，但与其他抗菌药之间无交叉耐药性，与抗菌增效剂联合应用则可延缓耐药性的产生。但在联合用药时，要特别注意药物的颉颃作用、理化性质、药物动力学和药效学之间的相互作用与配伍禁忌。

（5）科学使用抗菌药物 正确而科学地选用抗菌药物是避免产生耐药性的重要保证。多数抗菌药物仅对有限范围的致病微生物有效，而对病毒和真菌无效，因而病毒性疾病和真菌感染引起的疾病，不宜选用抗菌药物。

临床应用时，应严格掌握适应证，制定合理的给药方案，选择最合适、最有效的抗菌药物分期、分批交替使用；在可用可不用时尽量不用；在病情较轻、病因不明时最好不用；要严格控制预防性抗菌药物的使用，尽量减少用药时间，尽可能避免耐药性的产生。

（6）药量由大变小 当用量不足或疗程过短时，细菌对磺胺类药物易产生耐药性，以葡萄球菌较为多见，其次是链球菌、肺炎球菌、痢疾杆菌、大肠杆菌、巴氏杆菌等。

因此，在使用磺胺类药物时，首次用药剂量要加倍使用，并在疗程内坚持由大变小、持续使用常规用量的原则。

（7）选择合适的用药途径 对严重感染、急性病例及一些出现全身症状反应的疾病，宜采用注射给药；对一般感染、消化道感染和体内寄生虫等疾病，宜采用口服给药；对严重消化道感染或中毒性疾病，则应采取注射和内服并用；外伤性疾病，应采取局部用药；乳腺炎、子宫内膜炎、阴囊炎，可采取局部注入法；内伤筋骨、阴道脱等疾病，则可采取封闭疗法进行治疗。

（8）手术和药物相结合治疗 采用中西医结合的治疗方法，选用一些民间单方、偏方，来调节和纠正畜禽机体水、电解质及酸碱平衡紊乱，从而使药物在治疗过程中发挥最大疗效。对某些疾病，在采用中西医结合治疗的同时，直接采用手术治疗，可大大提高治愈率。

（9）大胆使用新兽药 患病畜禽一旦产生耐药性或久治不愈、反复发生的疾病，应考虑放弃原先的治疗方法，大胆选用从未使用过的药物或临床使用相对较少的药物进行治疗，从而达到药到病除的目的。

（10）减少应激因素 患病畜禽机体的抗病能力在一定程度上会受到神经、体液和内分泌调节影响。在气候骤变（过冷过热）、湿度过大、光照过强、通风不良、转群、捕捉、惊吓等各种应激因素的影响下，会导致机体正常的生理机能紊乱，使机体体质下降，抗病力降低，耐药性就会随之产生。因此，采取优化措施，减少应激因素，为患病畜禽创造一个良好的治疗和保健环境，可达到事半功倍的治疗效果。

6 什么是联合用药？联合用药应该注意什么问题？

联合用药又称配伍用药、合并用药，即将两种或两种以上的药物同时或在短期内前后使用于同一动物。联合用药的目的之一在于提高疗效，减少不良反应，或是为了治疗不同的病状或并发症。目的之二是为了增强疗效，更好地控制感染，减轻毒性反应及延缓或减少细菌产生耐药性，而不是盲目地滥用抗生素。

联合用药时应注意以下问题：首先要明确病原菌的种类，然后从药物本身考虑药物之间的理化性质、药物动力学和药效学等相互关系，这样才能确定联合用药的种类、配比、用量及疗程。还应注意，同类药物同时使用可能对机体造成积累性中毒。

7 合理用药的要点有哪些？

科学、安全、高效地使用兽药，既能及时预防和治疗动物疾病，提高畜牧业经济效益，也能控制和减少药物残留，保证动物产品品质，对提供无公害食品等具有重要意义。科学有效地使用兽药，应把握好以下几个基本环节及原则：

（1）选购质量可靠、疗效确切的兽药

① 要了解兽药基本常识：兽药优劣可从外观上初步识别，从商标和标签上看，一般合格兽药生产单位的兽药，多带有"R"注册商标，标有"兽用"字样，并有国家兽药药政管理部门核发的产品生产批准文号，产品的主要成分、含量、作用与用途、用法与用量、生产日期和有效期等内容；从产品本身看，水针剂和油溶剂不合格者，置于强光下观察，可见有微小颗粒或絮状物、杂质等；片剂不合格者，其包装粗糙，手触压片不紧，上有粉末附着，无防潮

避光保护等。

② 要选购正规和信誉度较好的兽药生产单位的产品：因为这些单位的生产、检测设备和手段相对先进，兽药质量比较稳定；而有的厂家生产设备陈旧，生产工艺简陋，检测手段不健全，产品质量难以保证；甚至有的厂家因受利益驱动，铤而走险，有意制售假劣兽药。因此，在选购兽药时，不能只图便宜而不顾质量，同时应注意观察兽药包装上有无该药品的生产批准文号、厂家地址、生产日期、使用说明书及有效期或保质期等内容。如果以上这些内容不全或不规范，则说明该兽药质量值得怀疑，最好不要购买。

③ 要了解兽药主要品种的有效成分、作用、用途及注意事项：同一类兽药有多个不同的商品名，购买时要了解该产品的主要成分及含量，掌握其作用、用途、用法与用量等内容。在使用过程中，应按照其说明书使用，尽量避免因过量使用兽药造成药物浪费或畜禽中毒；也要避免用量过小达不到治疗效果的现象。

（2）在正确诊断的前提下准确用药　用药前，准确判断畜禽病情，是及时治疗、避免因兽药使用不当而造成疫病防治失败的关键。采用对因治疗和对症治疗的方法，依据"急则治其标、缓则治其本、标本皆治"的原则用药。根据病因和症状选择药物，是减少浪费、降低成本的有效方法。

（3）安全用药，科学配伍　要根据畜禽的病情，选用安全、高效、低毒的药物。如根据病情要用两种或两种以上的药物时，要科学配伍使用兽药，可起到增强疗效、降低成本、缩短疗程等积极作用，但如果药物配伍使用不当，将起相反作用，导致饲养成本加大、畜禽用药中毒、动物机体药物残留超标和畜禽疾病得不到及时有效治疗等副作用。

（4）把握科学用药的相关原则　针对畜牧生产中用药存在的问题和实际情况，必须正确认识，克服弊端，努力把握以下 6 个方面的原则。

① 预防为主、治疗为辅的原则：由于养殖者对畜禽疾病，特

别是传染病方面的认识不足，出现只重治疗、不重预防的现象，这是十分错误的。有的畜禽传染病只能早期预防，不能治疗，如病毒性传染病。因此，对一些病毒性传染病应做到有计划、有目的、适时地使用疫苗进行预防，平时注重消毒和防疫；若出现疫情，根据实际情况及时采取隔离、扑杀等措施，以防疫情扩散。

② 对症下药的原则：不同的疾病用药不同；同一种疾病也不能长期使用一种药物治疗，因为长期使用同一种药物，病菌容易产生耐药性。如果条件允许，最好是对分离的病菌做药敏试验，有针对性地选择药物，达到"药半功倍"的效果，彻底杜绝滥用兽药和无病用药的现象。

③ 适度剂量的原则：防治畜禽疫病，如果使用剂量过小，达不到预防或治疗效果，而且容易导致耐药性菌株的产生；剂量过大，既造成浪费、增加成本，又会产生药物残留和中毒等不良反应。所以掌握适度的剂量，对确保防治效果和提高经济效益十分重要。

④ 合理疗程的原则：对常规畜禽疾病来说，一个疗程一般为3～5日，如果用药时间过短，起不到彻底杀灭病菌的作用，甚至可能会给再次治疗带来困难；如果用药时间过长，可能会造成药物浪费和残留现象。因此，在防治畜禽疾病时，要把握合理的疗程。

⑤ 采用正确给药途径的原则：禽类由于数量大，能口服的药物最好随饲料给药而不作肌内注射；猪、牛等大家畜，采用肌内或静脉注射给药，方便、可靠、快捷；肌内注射又比静脉注射省时省力，能肌内注射的不作静脉注射。在给药过程中，按照规定要求，根据不同药物停药期的要求，在畜禽出栏或屠宰前及时停药，避免残留药物污染食品。

⑥ 经济效益为首的原则：在用药前要对畜禽的病情有充分的了解，要准确判断疾病的发生、发展和转归，在此基础上制定合理的治疗方案，方案中不但要考虑用什么药、给药途径、疗程等内容，还应考虑用药费用、器材和人工的费用，治疗之后畜禽的利用价值。

8 **为保证食品安全，养殖场用药应注意哪些问题？**

使用兽药时还应遵循以下原则：

（1）允许使用消毒防腐剂对饲养环境、厩舍和器具进行消毒，但不准对动物直接施用。不能使用酚类消毒剂。

（2）允许使用疫苗预防动物疾病。但是活疫苗应无外源病原污染；灭活疫苗的佐剂未被动物完全吸收前，该动物产品不能作为绿色畜产品。

（3）允许使用钙、磷、硒、钾等补充药，酸碱平衡药、体液补充药、电解质补充药、营养药、血容量补充药、抗贫血药、维生素类药、吸附药、泻药、润滑剂、酸化剂、局部止血药、收敛药和助消化药。

（4）使用抗寄生虫药和抗菌药应注意以下几点：

① 严格遵守规定的作用与用途、使用对象、使用途径、使用剂量、疗程和注意事项。

② 产品中的兽药残留量应符合《动物性食品中兽药最高残留限量》规定、认证标准，并抽检产品中的兽药残留量。

③ 建立并保持患病动物的治疗记录，包括患病家畜的号码或其他标志、发病时间及症状、治疗用药的经过、治疗时间、疗程、所用药物的商品名称及主要成分。

（5）禁止使用有致畸、致癌、致突变作用的兽药。

（6）禁止在饲料中添加兽药。

（7）禁止使用激素类药品。

（8）禁止使用安眠镇静药、中枢神经兴奋药、镇痛药、解热镇痛药、肌肉松弛药、化学保定药、麻醉药等用于调节神经系统机能的兽药。

（9）禁止使用基因工程兽药。

（10）禁止使用未经农业农村部批准或已经淘汰的兽药。

9 **食品动物禁用的兽药有哪些？**

食品动物禁用的兽药见表1-1、表1-2。

表1-1 食品动物禁用的兽药及其他化合物清单（193号令2002年）

序号	兽药及其他化合物名称	禁止用途	禁用动物
1	β-兴奋剂类：克仑特罗、沙丁胺醇、西马特罗及其盐、酯及其制剂	所有用途	所有食品动物
2	性激素类：己烯雌酚及其盐、酯及制剂	所有用途	所有食品动物
3	具有雌激素样作用的物质：玉米赤霉醇、去甲雄三烯醇酮、醋酸甲孕酮及其制剂	所有用途	所有食品动物
4	氯霉素及其盐、酯（包括：琥珀氯霉素）及制剂	所有用途	所有食品动物
5	氨苯砜及其制剂	所有用途	所有食品动物
6	硝基呋喃类：呋喃唑酮、呋喃它酮、呋喃苯烯酸钠及其制剂	所有用途	所有食品动物
7	硝基化合物：硝基酚钠、硝呋烯腙及其制剂	所有用途	所有食品动物
8	催眠、镇静类：安眠酮及其制剂	所有用途	所有食品动物
9	林丹（丙体六六六）	杀虫剂	所有食品动物
10	毒杀芬（氯化烯）	杀虫剂、清塘剂	所有食品动物
11	呋喃丹（克百威）	杀虫剂	所有食品动物
12	杀虫脒（克死螨）	杀虫剂	所有食品动物
13	双甲脒	杀虫剂	水生食品动物
14	酒石酸锑钾	杀虫剂	所有食品动物
15	锥虫胂胺	杀虫剂	所有食品动物
16	孔雀石绿	抗菌、杀虫剂	所有食品动物
17	五氯酚酸钠	杀螺剂	所有食品动物
18	各种汞制剂包括：氯化亚汞（甘汞）、硝酸亚汞、醋酸汞、吡啶基醋酸汞	杀虫剂	所有食品动物
19	性激素类：甲基睾丸酮、丙酸睾酮、苯丙酸诺龙、苯甲酸雌二醇及其盐、酯及制剂	促生长	所有食品动物
20	催眠、镇静类：氯丙嗪、地西泮（安定）及其盐、酯及制剂	促生长	所有食品动物
21	硝基咪唑类：甲硝唑、地美硝唑及其盐、酯及制剂	促生长	所有食品动物

表 1 - 2　禁止在饲料和动物饮水中使用的物质（1519 号公告，2010 年）

序号	药物名称	药物类别
1	苯乙醇胺 A	β-肾上腺素受体激动剂
2	班布特罗	
3	盐酸齐帕特罗	
4	盐酸氯丙那林	
5	马布特罗	
6	西布特罗	
7	溴布特罗	
8	酒石酸阿福特罗	长效型 β-肾上腺素受体激动剂
9	富马酸福莫特罗	
10	盐酸可乐定	抗高血压药
11	盐酸赛庚啶	抗组胺药

其他：①2015 年 9 月 7 日，农业部发布了 2292 号公告，在食品动物中停止使用洛美沙星、培氟沙星、氧氟沙星、诺氟沙星 4 种兽药，撤销相关兽药产品批准文号；②2016 年 7 月，农业部发布了 2428 号公告，停止硫酸黏菌素用于动物促生长，仅限该产品用于动物细菌性疾病的治疗；③2018 年 1 月 12 日，农业部发布了 2638 号公告，停止在食品动物中使用喹乙醇、氨苯胂酸、洛克沙胂 3 种兽药。

10 药物的剂量有哪几种？

药物的剂量也称药物的用量，有以下几种：

（1）最小有效剂量　是指药物作用于动物机体，使机体开始出现有效作用或者药理效应的最小剂量。这种剂量一般比较小，它仅仅开始发生对疾病的治疗作用，而未能达到充分治疗疾病的效果。

（2）常用剂量　是指临床中药物常用有效剂量的范围，又称治疗剂量。主要在最小有效剂量和极量之间。

（3）极量 是指药物安全使用的极限剂量。使用药物时一般不使用极量，超过极量是不安全的。

（4）最小中毒量 是指药物使用的剂量超过极量，达到动物开始出现中毒的剂量。

（5）中毒量 是指大于动物最小中毒量，是集体出现明显中毒现象的剂量。

（6）致死量 是指引起动物机体死亡的剂量。

从以上的用药剂量的种类来看，用药的安全范围是在最小有效剂量与极量之间。在兽医医疗实践上，给动物治病，用药的剂量应该在安全范围内选择，但一般不采用极量或最小有效剂量，而用常用剂量。

11 什么是抗生素？如何分类？

抗生素是某些微生物在生活过程中产生的、对某些病原微生物具有杀灭或抑制作用的一类化学物质。主要以微生物发酵法生产，还可以将微生物发酵产物进行化学修饰制成各种半合成抗生素。抗生素的结构复杂，分类方法也有多种，常用的有以下两种：

（1）按化学结构分

① β-内酰胺类：有青霉素类和头孢菌素类等。青霉素类包括天然青霉素（青霉素 G 及其钠盐和钾盐）和半合成青霉素（邻氯青霉素钠、氨苄青霉素等）；头孢类如头孢噻吩钠、头孢氨苄等。

② 氨基糖苷类：如链霉素、卡那霉素、庆大霉素和庆大小诺霉素等。

③ 四环素类：如四环素、土霉素、金霉素和多西环素等。

④ 酰胺醇类：甲砜霉素和氟苯尼考等。

⑤ 大环内酯类：红霉素、泰乐菌素、螺旋霉素、替米考星和吉他霉素等。

⑥ 林可胺类：林可霉素、克林霉素等。

⑦ 多肽类：多黏菌素 B、多黏菌素 E、杆菌肽和恩拉霉素等。

⑧ 多烯类：灰黄霉素、制霉菌素和两性霉素 B 等。

⑨ 含磷多糖类：黄霉素和喹北霉素等。

⑩ 聚醚类（离子载体类）：莫能菌素。

（2）按抗生素作用分

① 主要抗革兰氏阳性细菌的抗生素：如青霉素类、大环内酯类、头孢菌素类、林可胺类等。

② 主要抗革兰氏阴性细菌的抗生素：如氨基糖苷类、多肽类等。

③ 广谱抗生素：如四环素类。

④ 抗真菌的抗生素：如灰黄霉素、制霉菌素等。

⑤ 抗寄生虫的抗生素：莫能菌素、盐霉素、马杜霉素等。

⑥ 抗肿瘤的抗生素：如丝裂霉素 C、博来霉素等。

⑦ 促生长抗生素：如黄霉素、维吉尼霉素等。

12 什么是生化药物？有何特点？

生化药物一般是指从动物、植物及微生物提取的，亦可用生物—化学半合成或用现代生物技术制得的生命基本物质，如氨基酸、多肽、蛋白质、酶、辅酶、多糖、核苷酸、酯类和生物胺等，以及其衍生物、降解物及大分子的结构修饰物等。

生化药物的特点是：

（1）分子量不是定值　生化药物除氨基酸、核苷酸、辅酶及甾体激素等属化学结构明确的小分子化合物外，大部分为大分子的物质（如蛋白质、多肽、核酸、多糖类等），其相对分子量一般几千至几十万。对大分子的生化药物而言，即使组分相同，往往由于相对分子量不同而产生不同的生理活性。例如，肝素是由 D-硫酸氨基葡萄糖和葡萄糖醛酸组成的酸性黏多糖，能明显延长血凝时间，有抗凝血作用；而低分子量肝素，其抗凝活性低于肝素。所以，生化药物常需进行相对分子量的测定。

（2）需检查生物活性　在制备多肽或蛋白质类药物时，有时因工艺条件的变化，导致蛋白质失活。因此，对这些生化药物，除了用通常采用的理化法检验外，尚需用生物检定法进行检定，以证实其生物活性。

（3）需做安全性检查　由于生化药物的性质特殊，生产工艺复杂，易引入特殊杂质，故生化药物常需做安全性检查，如热源检查、过敏试验、异常毒性试验等。

（4）需做效价测定　生化药物多数可通过含量测定，以表明其主药的含量。但对酶类药物需进行效价测定或酶活力测定，以表明其有效成分含量的高低。

（5）结构确证难　在大分子生化药物中，由于有效结构或分子量不确定，其结构的确证很难沿用元素分析、红外、紫外、核磁、质谱等方法加以证实，往往还要用生化法如氨基酸序列等方法加以证实。

13 什么是生物制品？

生物制品系指以微生物、寄生虫、动物毒素、生物组织作为起始材料，采用生物学工艺或分离纯化技术制备，并以生物学技术和分析技术控制中间产物和成品质量制成的生物活性制剂。包括疫（菌）苗、毒素、类毒素、免疫血清、血液制品、免疫球蛋白、抗原、变态反应原、细胞因子、激素、酶、发酵产品、单克隆抗体、DNA重组产品、体外免疫诊断试剂等，供某些疾病的预防、治疗和诊断用。

14 什么是消毒药？分哪几类？

消毒药是指能杀灭病原微生物的药物，主要用于环境、圈舍、动物排泄物、用具和器械等非生物表面的消毒。根据化学分类可分为酚类、醇类、醛类、酸类、氧化剂、卤素类和表面活性剂等。

（1）酚类　苯酚、煤酚和复合酚等。

（2）醇类　乙醇（酒精）等。

（3）醛类　甲醛溶液（福尔马林）、戊二醛等。

（4）碱类　氢氧化钠（苛性钠）、氢氧化钾（苛性钾）和氧化钙（生石灰）等。

（5）酸类　硼酸、水杨酸等。

（6）氧化剂　过氧化氢溶液（双氧水）、高锰酸钾和过氧乙酸等。

（7）卤素类　碘、碘仿、聚维酮碘、漂白粉和二氯异氰尿酸钠（优氯净）等。

（8）表面活性剂　新洁尔灭、洗必泰和百毒杀等。

（9）其他　环氧乙烷等。

15 什么是消毒？分哪几类？

消毒是指消除或杀灭外环境中的病原体，使其无害化。消毒是切断传播途径、防止传染病扩散或蔓延的重要措施之一。同时，也是防止养殖场内感染的重要环节。根据消毒的目的不同，消毒可以分为预防消毒、临时消毒和终末消毒3类。

（1）预防消毒　没有明确的传染病存在，对可能受到病原微生物或其他有害微生物污染的场所和物品进行的消毒称为预防性消毒。结合平时的饲养管理对圈舍、场地、用具、饮水等进行定期消毒，以达到预防一般传染病的目的。预防性消毒通常按拟定的消毒制度定期进行，常用的消毒方法是清扫、洗刷，然后喷洒消毒药物，如10%～20%石灰水、10%漂白粉、热的草木灰水等。此外，在畜禽生产和疾病诊断中的消毒，如对种蛋、孵化室、诊疗器械等进行的消毒处理，也是预防性消毒。

（2）临时消毒　当传染病发生时，对疫源地进行的消毒称为临时消毒。其目的是及时杀灭或清除传染源排出的病原微生物。临时消毒是针对疫源地进行的，消毒的对象包括病畜禽、病畜禽停留的场所、房舍、病畜禽的各种分泌物和排泄物、剩余饲料、管理用具以及管理人员的手、鞋、口罩和工作服等。

临时消毒应尽早进行，消毒方法和消毒剂的选择取决于消毒对象及传染病的种类。一般由细菌引起的应选择价格低廉易得、作用强的消毒剂，由病毒引起的则应选择碱类、氧化剂中的过氧乙酸、卤素类等。病畜禽的圈舍、隔离舍的出入口处应放置浸泡消毒药液的麻袋片或草垫。

（3）终末消毒 在病畜禽解除隔离、痊愈或死亡后，或者在疫区解除封锁前，为了彻底地消灭传染源而进行的最后消毒称为终末消毒。大多数情况下，终末消毒只进行1次，不仅病畜禽周围的一切物品、圈舍等要进行消毒，有时候连痊愈畜禽的体表也要消毒。消毒时，先用消毒液进行喷洒，然后清扫圈舍，最后圈舍地面用消毒液仔细刷洗。

16 抗寄生虫药可分为哪几种？

抗寄生虫药是用于驱除和杀灭畜禽体内外寄生虫的药物。根据药物抗虫作用和寄生虫种类，可将抗寄生虫药分为以下3类：

（1）抗蠕虫药 又称驱虫药。根据蠕虫的种类，又可将此类药物分为驱线虫药、驱绦虫药、驱吸虫药和抗血吸虫药。

（2）抗原虫药 包括抗球虫药、抗锥虫药、抗梨形虫药和抗滴虫药等。

（3）杀虫药 又称杀昆虫药和杀蜱、螨药。

17 什么是健胃药？分哪几类？

健胃药是指能促进唾液、胃液等消化液的分泌、加强胃的消化机能，从而提高食欲的一类药物。健胃药在临床上应用广泛。由于能提高食欲，加强消化机能，有利于营养成分的吸收利用，从而提高机体的抵抗力，这对疾病的治疗及病畜禽的康复都具有积极的临床意义。

健胃药可分为：

（1）苦味健胃药 如龙胆、番木鳖酊和大黄等。

（2）芳香性健胃药 如干姜、大蒜、豆蔻、小茴香和肉桂等。

（3）盐类健胃药 如人工盐、碳酸氢钠和氯化钠等。

18 什么是助消化药？分哪几类？

助消化药是指能促进胃肠消化过程的药物，其多数含消化液中的主要成分，如盐酸和多种消化酶等，可用于治疗消化道分泌功能不足。也有一些药物能促进消化液的分泌，并增强消化酶的活性，以达到帮助消化的目的。

助消化药可分为消化酶类和酸类两大类。

（1）消化酶类　如胰酶、胃蛋白酶、乳酶生和干酵母等。

（2）酸类　如稀盐酸、稀醋酸等。

19 什么是解热镇痛药？分哪几类？

解热镇痛药是指一类具有缓和地止痛及解热作用的药物，其中许多药物还具有抗炎、抗风湿作用。它们在化学结构上虽属不同类别，但多为有机酸类化合物，有相似的药理作用、作用机制和副作用。鉴于其抗炎作用与肾上腺皮质激素不同，故亦称为非甾体抗炎药（NSAI D）。

本类药物按化学结构可分为许多类，如：

（1）甲酸类　也称水杨酸类，代表药物为阿司匹林、二氟尼柳。

（2）乙酸类　代表药物为双氯芬酸、吲哚美辛、舒林酸和依托芬那酯等。

（3）丙酸类　代表药物为布洛芬、酮基布洛芬、芬布芬、萘普生、奥沙普秦等。

（4）昔康类　吡罗昔康、美洛昔康、替诺昔康和罗诺昔康等。

（5）昔布类　塞来昔布和罗非昔布。

（6）吡唑酮类　包括安乃近、氨基比林、保泰松和羟基布他酮等。

（7）其他　尼美舒利。

20 什么是抗应激药？抗应激药有哪些？

应激又称逆境反应，是指机体对各种非常刺激所产生的非特异性应答反应的总和，是下丘脑—垂体—肾上腺皮质系统的综合反应。在集约化养殖业中，应激因素包括饲养因素（如捕捉、转群、运输、疫苗接种、药物注射、突然更换饲料、断喙等)、环境因素（如高温、高湿、寒冷、噪声、有害气体等）和病原体感染（如病毒、细菌、寄生虫等），都会导致畜禽应激反应，可引起动物生长减慢、生产性能下降、抗病力减弱甚至死亡，给养殖业造成巨大损失。

抗应激药是指能预防应激和降低应激反应的药物。一般优良的抗应激药应具备以下特点：能明显减轻动物的应激反应、不影响动物的正常活动及抗体形成、无药物残留。

一般常用的抗应激药有：

（1）调节电解质和酸碱平衡的药物　如碳酸氢钠、氯化铵等。

（2）镇静解痉类药物　如氯丙嗪、利血平和安定。

（3）维生素类药物　如维生素C、维生素E。

（4）中草药添加剂　如使用某些清热解毒、清热燥湿、清热凉血药，如蒲公英、菊花、板蓝根、穿心莲、金银花、黄芩、生地、白头翁、芒硝、藿香、苍术、龙胆草、刺五加、石膏粉、荷叶等；调节代谢类药，如海藻、党参、五味子、麦冬等；开胃消食类药如山楂、麦芽等。

21 什么是解毒药？解毒药可分为哪几类？

临床上用于解救中毒的药物称为解毒药。根据作用特点及疗效，解毒药可分为特异性解毒药和非特异性解毒药两类：

（1）特异性解毒药　可特异性地对抗或阻断毒物或药物的效应，而其本身并不具有与毒物相反的效应。本类药物特异性强，如能及时应用，则解毒效果好，在中毒的治疗中占有重要地位。

（2）非特异性解毒药　又称一般解毒药，是指能阻碍毒物吸收、促进毒物排出、破坏胃肠内尚未吸收的毒物、解除因中毒引起的严重病状的药物。阻碍毒物吸收的如药用炭等吸附剂，鞣酸等沉淀剂，牛乳、蛋清、淀粉、米汤等保护剂；促进毒物排出的如硫酸铜、酒石酸锑钾等催吐剂，硫酸钠等泻剂，氢氯噻嗪等利尿剂；破坏毒物的药物如高锰酸钾等氧化剂，硫代硫酸钠等还原剂，稀盐酸和碳酸氢钠等中和剂；能对抗中毒症状的药物如药理颉颃剂、体液补充剂等。这些药物虽然针对性不强，效力较低，但由于引起中毒的物质种类很多，病情复杂，病势凶险，发展迅速，又往往不易很快确诊，而且对某些毒物目前尚无特效解毒药，因此，在中毒前后及时合理地选用一般解毒药，不但可以延缓中毒症状，而且对维持动物生命、争取抢救时间、促进痊愈过程，均具有重要意义。

22 灌角及药瓶投药法怎样操作？

（1）**用途** 灌角及药瓶投药法，是将药物用水溶解或调成稀粥样，或者中草药的煎剂等装入灌角或药瓶等灌药器内经口投服。各种动物均可应用。

（2）**用具** 灌角、竹筒、橡皮瓶或长颈酒瓶；盛药盆等。

（3）**方法** 具体方法依动物种类及用具不同而异。

① 牛的灌药法：牛经口灌药多用橡胶瓶或长颈玻璃瓶，或以竹筒代用。将牛由助手站立保定，一手握角根，另一手握鼻中隔或用鼻钳使牛头稍抬高，术者左手从牛的一侧口角处伸入，打开口腔并轻压舌头，右手持盛有药液的灌药瓶，抬高瓶底，压挤橡胶瓶，促进药液流出，在配合吞咽动作中灌服，直至灌完。如无助手协助，也可一人操作（图1-1）。

图1-1 灌角投药法

② 猪的灌药法：较小的猪灌服少量药液时可用药匙（汤匙）或注射器（不接针头）。较大的猪，若药量较大可用胃管投入，亦很方便、安全。灌药时令一人将猪的两耳抓住，把猪头略向上提，使猪的口角与眼角连线近水平，并用两腿夹住猪背腰部。另一人用左手持木棒把猪嘴撬开，右手用汤匙或其他灌药器，从舌侧面靠颊部倒入药液，待其咽下后，再灌第二匙；如含药不咽，可摇动口内的木棒，刺激其咽下。

23 片剂、丸剂、舔剂投药法怎样操作？

（1）**用途** 片、丸状或粉末状的药物以及中药的饮片或粉末，尤其对苦味健胃剂，常用面粉、糠麸等赋形药制成糊剂或舔剂，经口投服以加强健胃的效果。

（2）**用具** 舔剂一般可用光滑的木板或一竹片；丸剂、片剂可徒手投服，必要时用特制的丸剂投药器。

（3）**方法** 动物一般站立保定（图1-2）。对牛、马，术者用一手从一侧口角伸入打开口腔，对猪则用木棍撬开口腔；另手持药片、药丸或用竹片刮取舔剂自另侧口角送入其舌背部。取出木棒，口腔自然闭合，药物即可咽下。如有丸剂投药器，则事先将药丸装入投药器内；术者持投药器自动物一侧口角伸入并送向舌根部，迅即将药丸打（推）出；抽出投药器，待其自行咽下。必要时投药后灌饮少量的水。

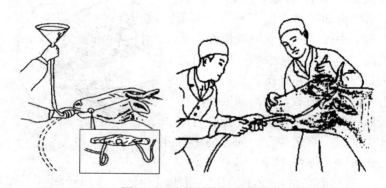

图1-2 牛的胃管插入及投药

24 胃管投药法怎样操作？

（1）**用途** 当水剂药量较多，药品带有特殊气味，经口不易灌服时，一般都需用胃管经鼻道或口腔投给。此外胃导管亦可用于食道探诊（探查其是否畅通）、瘤胃排气、抽取胃液或排出胃内容物及洗胃，有时用于人工喂饲。

（2）用具 软硬适宜的橡皮管或塑料管，依动物种类不同而选用相应的口径及长度，特制的胃管其末端闭塞而近末端的侧方设有数个开口者，更为适宜；漏斗或打药用的加压泵；插胃管用的开口器。

（3）方法 牛可经口或经鼻插入胃管。经口插入时，先将牛进行必要的保定，并给牛戴上木质开口器，固定好头部。将胃管涂润滑油后，自开口器的孔内送入，尖端到达咽部时，牛将自然咽下。确定胃管插入食道无误后，接上漏斗即可灌药。灌完后慢慢抽出胃管，并解下开口器。

猪经口插入胃管（图1-3）。先将猪进行保定，视情况而采取直立、侧卧或站立方式。一般多用侧卧保定。用开口器将口打开（无开口器时，可用一根木棒中央钻一孔），然后将胃管沿孔向咽部插入。当胃管前端插至咽部时，轻轻抽动胃管，引起吞咽动作，并随吞咽插入食道。判定胃管确实插入食道后，接上漏斗即可灌药。灌完后慢慢抽出胃管，并解下开口器。

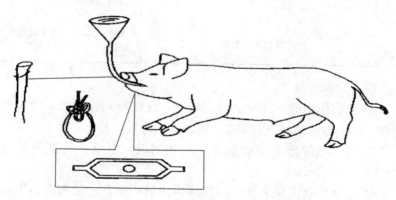

图1-3 猪的胃管投药

（4）胃管插入食道的判断 如何判断胃管是否插进食道，检验方法很多，无论使用何种检查方法，都必须综合加以判定和区别，防止发生判断上的失误。主要检验方法见表1-3。

表1-3　胃管插入食道或气管的鉴别要点

鉴别方法	插入食道内	插入气管内
胃管进入时的感觉	插入时稍感前进有阻力	无阻力
观察咽、食道及动物的动作	胃管前端通过咽部时可引起吞咽动作或伴有咀嚼，动物表现安静	无吞咽动作，可引起剧烈咳嗽，动物表现不安
触诊颈沟部	可摸到在食道内有一坚硬探管	无
将胃管外端放耳边听诊	可听到不规则的咕噜声，但无气流冲耳	随呼气动作而有强力的气流冲耳
用鼻嗅诊胃管外端	有胃内酸臭味	无
观察排气与呼气动作	不一致	一致
接橡皮球打气或捏扁橡皮球后再接于胃管外端	打入气体时可见颈部食道呈波动状膨起，接上捏扁的橡皮球后不再鼓起	不见波动状膨起，橡皮球迅速鼓起
用嘴吹入气体	随气流吹入，颈沟部可见明显波动	不见波动
将胃管外端浸水盆内	水内无气泡发生	随呼气动作，有规则地出现气泡

（5）注意事项

① 胃管使用前要仔细洗净、消毒，涂以滑润油或水，使管壁滑润，插入、抽动时不宜粗暴，要小心、徐缓，动作要轻柔。

② 有明显呼吸困难的病畜不宜用胃管，有咽炎的病畜更应禁用。

③ 应证明确实插入食道深部或胃内后再灌药；如灌药后引起咳嗽、气喘，应立即停灌；如中途因动物骚动使胃管移动或脱出亦应停灌，待重新插入并确定无误后再行灌药。

④ 经鼻插入胃管，可因管壁干燥或强烈抽动，损伤鼻、咽黏膜，引起鼻、咽黏膜肿胀、发炎等；导致鼻出血（尤其在马多

见），应引起高度注意。如少量出血，不久可自停；出血很多时，可将动物头部适当高抬或吊起，进行鼻部冷敷，或用大块纱布、药棉暂堵塞一侧鼻腔；必要时宜配合应用止血剂、补液甚至输血。

（6）药物误投入肺的表现及抢救措施　药物误投入动物呼吸道后表现为突然出现骚动不安，频繁的咳嗽，并随咳嗽导致药液从口、鼻喷出；呼吸加快，呼吸困难，鼻翼开张或张口呼吸；继则可见肌肉震颤、大出汗，黏膜发绀，心跳加快、加强；数小时后体温可升高，肺部出现啰音，并进一步呈异物性肺炎的症状。灌入大量药液时，甚至可造成动物的窒息或迅速死亡。

抢救措施在灌药过程中，应密切注意动物表现，发现异常，立即终止；使动物低头，促进咳嗽，呛出药物；应用强心剂，或给以少量阿托品以兴奋呼吸；同时，应大量注射抗生素制剂；如经数小时后，症状减轻，则应按疗程规定继续用药，直至恢复。

25 饲料、饮水及气雾给药法怎样操作？

（1）拌料给药　这是现代集约化养殖业中最常用的一种给药途径。即将药物均匀地拌入料中，让畜禽采食时，同时吃进药物。该法简便易行，节省人力，减少应激，效果可靠，主要适用于预防性用药，尤其适应于长期给药。但对于病重的畜禽，当其食欲下降时，不宜应用。在应用这种方法时，通常应注意：

① 准确掌握其拌料浓度：按照拌料给药标准，准确计算所用药物剂量，若按畜禽每千克体重给药，应严格按照个体体重，计算出畜禽群体体重，再按照要求把药物拌进料内。应特别注意拌料用药标准与饲喂次数相一致，以免造成药量过小起不到作用或药量过大引起畜禽中毒的现象发生。

② 确保用药混合均匀：在药物与饲料混合时，必须搅拌均匀，尤其是一些安全范围较小的药物，以及用量较少的药物，一定要均匀混合。为了保证药物混合均匀，通常采用分级混合法，即把全部用量的药物加到少量饲料中，充分混合后，加到一定量

饲料中，再充分混匀，然后再拌入到计算所需的全部饲料中。大批量饲料拌药更需多次逐步分级扩充，以达到充分混匀的目的。切忌把全部药量一次加入到所需饲料中，简单混合法会造成部分畜禽药物中毒而大部分畜禽吃不到药物，达不到防治疾病的目的或贻误病情。

③ 密切注意不良反应：有些药物混入饲料后，可与饲料中的某些成分发生颉颃作用。这时应密切注意畜禽不良反应，尽量减少拌药后不良反应的发生，如饲料中长期混合磺胺药物，就容易引起鸡维生素缺乏。这时就应适当补充这些维生素（彩图17）。

（2）饮水给药　饮水给药也是比较常用的给药方法之一，它是指将药物溶解到畜禽的饮水中，让畜禽在饮水时饮入药物，发挥药理效应，这种方法常用于预防和治疗疾病。尤其在畜禽发病，食欲降低而仍能饮水的情况下更为适用，但所用的药物应是水溶性的，除参考上述拌料给药的一些注意事项外，还应注意：

① 药前停饮，保证药效：对于一些在水中不容易被破坏的药物，可以加入到饮水中，让畜禽长时间自由饮用；而对于一些容易被破坏或失效的药物，应要求畜禽在一定时间内都饮入定量的药物，以保证药效。为达到目的，多在用药前，让畜（禽）群停止饮水一段时间。一般寒冷季节停饮 2 小时，气温较高季节停饮 1 小时，然后换上加有药物的饮水，让畜禽在一定时间内充分喝到药水。

② 准确认真、按量给水：为了保证全群内绝大部分个体在一定时间内都能喝到一定量的药水，应该严格掌握畜禽一次饮水量，再计算全群饮水量，用一定系数加权重，确定全群给水量，然后按照药物浓度，准确计算用药剂量，把所需药物加到饮水中以保证用药效果。因饮水量大小与畜禽的品种，畜禽舍内的温度、湿度，饲料性质，饲养方法等因素密切相关，所以畜禽群体不同时期饮水量不尽相同。

③ 合理施用、加强效果：一般来说，饮水给药主要适用于容易溶解在水中的药物，对于一些不易溶解的药物可以采用适当的加

热、加助溶剂或及时搅拌的方法，促进药物溶解，以达到饮水给药的目的（见彩图 18）。

（3）气雾给药 气雾给药是指使用能使药物气雾化的器械，将药物分散成一定直径的微粒，弥散到空气中，让畜禽通过呼吸作用吸入体内或作用于畜禽皮肤、黏膜及羽毛的一种给药方法。也可用于畜禽群体消毒。使用这种方法时，药物吸收快，作用迅速，节省人力，尤其适用于现代化大型养殖场，但需要一定的气雾设备，且畜禽舍门窗应能密闭。同时，使用药物时，不应使用有刺激性的药物，以免引起畜禽呼吸道发炎。一般来讲，应用气雾给药时应注意：

① 恰当选择气雾用药，充分发挥药物效能：为了充分利用气雾给药的优点，应该恰当选择所用药物。并不是所有的药物都可通过气雾途径给药，可应用于气雾途径的药物应该无刺激性，易溶于水。对于有刺激性的药物不应通过气雾给药。同时，还应根据用药目的的不同，选用吸湿性不同的药物。若欲使药物作用于肺部，应选用吸湿性较差的药物，而欲使药物作用于呼吸道，就应选择吸湿性较强的药物。

② 准确掌握气雾剂量，确保气雾用药效果：在应用气雾给药时，不要随意套用拌料或饮水给药浓度。为了确保用药效果，在使用气雾给药前应按照畜禽舍空间情况，使用气雾设备要求，准确计算用药剂量，以免用量过大或过小，造成不应有的损失。

③ 严格控制雾粒大小，防止不良反应发生：在气雾给药时，雾粒直径大小与用药效果有直接关系。气雾微粒越细，越容易进入肺泡内，但与肺泡表面的黏着力小，容易随呼气排出，影响药效。但若微粒过大，又不易进入肺泡内，容易落在空间或停留在动物的上呼吸道黏膜，也不能产生良好的用药效果。另外，微粒过大时，还容易引起畜禽的上呼吸道炎症。此外，还应根据用药目的，适当调节气雾微粒直径。如要使药物达到肺部，就应使用雾粒直径小的雾化器。反之，要使药物主要作用于上呼吸道，就应选用雾粒较大的雾化器。通过大量试验证实，进入肺部的微粒直径为 0.5～5 微

米。雾粒直径大小主要是由雾化设备的设计功效和用药距离所决定。

26 皮下注射法怎样操作？

（1）用途　将药液注入于皮下结缔组织内，经毛细血管、淋巴管吸收而进入血液循环。因皮下有脂肪层，吸收较慢，一般须经5～10分钟呈现药效。

（2）用具　一般选用2～10毫升的注射器，9号或12号针头。

（3）部位　应选皮肤较薄而皮下疏松的部位，大动物多在颈侧；猪在耳根后或股内侧；禽类在翼下或颈背部皮下。

（4）方法　动物实行必要的保定，局部剪毛、消毒。术者用左手捏起局部的皮肤，形成一皱褶；右手持连接针头的注射器，由皱褶的基部注入，一般针头可刺入1～2厘米（针头刺入皮下则可较自由地拨动）；注入需要量的药液后，拔出针头，局部按常规消毒处理。见彩图19。

（5）注意事项　刺激性强的药品不能做皮下注射；药量多时，可分点注射，注射后最好对注射部位轻度按摩或温敷。

27 肌内注射法怎样操作？

（1）应用　肌肉内血管丰富，药液吸收较快，一般刺激性较强、吸收较难的药剂（如水剂、乳剂、油剂等）均可注射；多种疫苗的接种，常做肌内注射。因肌肉组织致密，仅注入较小的剂量。

（2）用具　一般的注射器具。

（3）部位（图1-4）　选肌肉层厚并能避开大血管及神经干的部位。大动物多在颈侧、臂部，猪在耳后、臀部或股内侧，禽类在胸肌或大腿部肌肉（彩图20）。

（4）方法　动物保定，局部按常规消毒处理。术者左手固定于注射部

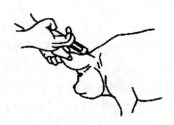

图1-4　猪的肌内注射部位

位，右手持连接针头的注射器，与皮肤呈垂直的角度，迅速刺入肌肉，一般刺入深度可至2～4厘米；改用左手持注射器，以右手推动活塞手柄，注入药液；注毕，拔出针头，局部进行消毒处理。为安全起见，对大家畜也可先以右手持注射针头，直接刺入注射部位，然后以左手把住针头和注射器，右手推动活塞手柄，注入药液。见彩图21。

（5）**注意事项** 为防止针头折断，刺入时应与皮肤呈垂直的角度并且用力的方向应与针头方向一致；注意不可将针头的全长完全刺入肌肉中，一般只刺入全长的2/3即可，以防折断时难以拔出；对强刺激性药物不宜采用肌内注射。注射针头接触神经时，动物骚动不安，应变换方向，再注药液。

28 静脉注射法怎样操作？注意事项有哪些？

（1）**用途** 药液直接注入于静脉内，随血液而分布全身，可迅速发生药效；由于其排泄也快，因而在体内的作用时间较短；能容纳大量的药液，并可耐受（被血液稀释）刺激性较强的药液（如氯化钙、水合氯醛等）。主要用于大量的补液、输血；注入急需奏效的药物（如急救强心等）；注射刺激性较强的药物等。

（2）**用具** 少量注射时可用较大的（50～100毫升）注射器，大量输液时则应用输液瓶（500毫升）和一次性输液胶管。

（3）**静脉注射的部位及方法** 依动物种类而不同。

① 牛、羊的静脉注射：多在颈静脉实施，个别情况也可利用耳静脉注射；羊多用颈静脉（彩图22）。

由于牛的皮肤较厚，所以刺入时，应用力并突然刺入。其方法是：局部剪毛、消毒，左手拇指压迫颈静脉的下方，使颈静脉怒张；明确刺入部位，右手持针头对准该部后，以腕力使针头近似垂直地迅速刺入皮肤及血管，见有血液流出后，将针头顺入血管1～2厘米，连接注射器或输液胶管，即可注入药液。

② 猪的静脉注射：常用耳静脉或前腔静脉（图1-5）。

A. 耳静脉注射法：将猪站立或横卧保定，耳静脉局部按常规消毒处理。见彩图22。

一人用手指捏压耳根部静脉处
或用胶带于耳根部结扎，使静脉充
盈、怒张（或用酒精棉反复于局部
涂擦以引起其充血）；术者用左手
把持猪耳，将其托平并使注射部位
稍高；右手持连接针头的注射器，
沿耳静脉管使针头与皮肤呈 30°～
45°角，刺入皮肤及血管内，轻轻

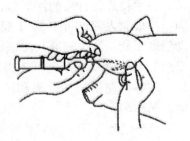

图 1-5　猪的耳静脉注射

抽活塞手柄如见回血即为已刺入血管，再将注射器放平并沿血管稍
向前伸入；解除结扎胶带或撤去压迫静脉的手指，术者用左手拇指
压住注射针头。另手徐徐推进药液，注完为止。

B. 前腔静腔注射法：可应用于大量的补液或采血（图 1-6、
图 1-7）。

图 1-6　猪站立保定时前腔
　　　　静脉注射

图 1-7　猪仰卧保定时前腔
　　　　静脉注射

注射部位在第 1 肋骨与胸骨柄接合处的直前。由于左侧靠近膈
神经而易损伤，故多于右侧进行注射。针头刺入方向呈近似垂直并
稍向中央及胸腔方向，刺入深度依猪体大小而定，一般在 2～6 厘
米，依此而选用适宜的 16～20 号针头。注射时，猪可取仰卧保定
或站立保定。

站立保定时，针头刺入部位在右侧由耳根至胸骨柄的连线上，距胸骨端1～3厘米；稍斜向中央并刺向第一肋骨间胸腔入口处，边刺入边回血，见有回血即标志已刺入并可注入药液。

仰卧保定时，可见其胸骨柄向前突出并于两侧第1肋骨与胸骨接合处的直前、侧方各见一个明显的凹陷窝。用手指沿胸骨柄两侧触诊时更感明显，多在右侧凹陷处进行穿刺注射。仰卧保定并固定其前肢及头部，局部消毒后，术者持接有针头的注射器，由右侧沿第1肋骨与胸骨接合部前侧方的凹陷处刺入，并稍偏斜刺向中央及胸腔方向，边刺边回血，见回血后即可徐徐注入药液；注完后拔出针头，局部按常规消毒处理。

③ 马的静脉注射：多在颈静脉实施，特殊情况下可在胸外静脉进行。

颈静脉注射多在颈上及颈中1/3部的交界处进行。柱栏保定，使马颈部稍向前伸并稍偏向对侧，局部进行剪毛、消毒。术者用左手拇指（或食指与中指）在注射部位稍下方（近心端）压迫静脉管，使之充盈、怒张。右手持注射针头，沿颈静脉使之与皮肤呈45°角，迅速刺入皮肤及血管内。见有血液流出后，即证明已刺入；使针头后端靠近皮肤，以减小其间的角度，近似平行地将针头再伸入血管内1～2厘米，撒开压迫静脉的左手，排除注射器内的气泡，连接注射器或输液胶管，并用夹子将胶管近端固定于颈部毛、皮上，徐徐注入药液。注完后，以酒精棉球压迫局部并拔出针头，再以5％碘酊进行局部消毒。

（4）静脉注射的注意事项

① 应严格遵守无菌操作规程，对所有注射用具、注射局部，均应严格消毒。

② 要看清注射局部的脉管，明确注射部位，防止乱扎，以免局部血肿。

③ 要注意检查针头是否通顺，当反复穿刺时，针头常被血凝块堵塞，应随时更换。

④ 针头刺入静脉后，要再顺入1～2厘米，并使之固定。

⑤ 注入药液前应排净注射器或输液胶管中的气泡。

⑥ 要注意检查药品的质量，防止有杂质、沉淀；混合注入多种药液时注意配伍禁忌；油剂不能做静脉注射。

⑦ 静脉注射量大时，速度不宜过快；药液温度，要接近于体温；药液的浓度以接近等渗为宜；注意心脏功能，尤其是在注射含钾、钙等药液时，更要缓慢注射，同时注意观察动物的反应。

⑧ 静脉注射过程中，要注意动物表现，如有骚动不安、出汗、气喘、肌肉战栗等现象时应及时停止；当发现注射局部明显肿胀时，应检查回血，如针头已滑出血管外，则应重新刺入。

⑨ 若静脉注射时药液外漏，可根据不同的药液，采取相应的措施处理：

A. 立即用注射器抽出外漏的药液。

B. 如为等渗溶液，不需处理。如为高渗盐溶液，则应向肿胀局部及周围注入适量的灭菌蒸馏水，以稀释之。

C. 如为刺激性强或有腐蚀性的药液，则应向其周围组织内，注入生理盐水；如为氯化钙溶液可注入 10 摩尔/升硫酸钠溶液或 10％硫代硫酸钠溶液 10～20 毫升，使氯化钙变为无刺激性的硫酸钙和氯化钠。

⑩ 局部可用5％～10％硫酸镁溶液进行温敷，以缓解疼痛；如遇大量药液外漏，应作早期切开，并用高渗硫酸镁溶液引流。

29 心脏内注射法怎样操作？

（1）用途　当病畜心脏功能急剧衰竭，静脉注射急救无效时，可将强心剂直接注入心脏内，抢救病畜。此外，还应用于家兔、豚鼠等实验动物的心脏直接采血。

（2）用具　大动物用 15～20 厘米长的针头，小动物用一般注射针头。

（3）部位　牛在左侧肩端水平线下，第 4～5 肋间；马在左侧肩端水平线的稍下方，第 5～6 肋间；猪在左侧肩端水平线下第 4 肋间。

（4）方法 以左手稍移动注射部位的皮肤然后压住，右手持连接针头的注射器，垂直刺入心外膜，再进针 3～4 厘米可达心肌。当针头刺入心肌时有心搏动感，注射器摆动，继续刺针可达左心室内，此时感到阻力消失。拉引针筒活塞时回流暗赤色血液，然后徐徐注入药液，很快进入冠状动脉，迅速作用于心肌，恢复心脏机能。注射完毕，拔出针头，术部涂碘酊。用碘仿火棉胶封闭针孔。

（5）注意事项

① 动物确实保定，操作要认真。

② 刺入部位要准确，以防损伤心肌。

③ 注入药液时，可配合人工呼吸。

④ 注入过急，可引起心肌的持续性收缩，易诱发急性心搏动停止。因此，必须缓慢注入药液。

⑤ 心脏内注射不得反复应用，此种刺激可引起传导系统发生障碍。

30 胸腔注射法怎样操作？

（1）用途 为治疗胸膜炎，将某些治疗药物，直接注射于胸腔中兼起局部治疗作用；或用于胸腔穿刺采取胸腔积液，做实验室检验诊断。

（2）部位 反刍兽于右侧第 5 肋间（左侧第 6 肋间），胸外静脉上方 2 厘米处；马于右侧第 6 肋间（左侧第 7 肋间），同上部位；猪则于第 7 肋间。

（3）方法

① 动物站立保定，术部剪毛、消毒。

② 术者以左手于穿刺部位先将局部皮肤稍向前扯动 1～2 厘米；右手持连接针头注射器，沿肋骨前缘垂直刺入（深度 3～5 厘米）。

③ 注入药液（或吸取积液）后，拔出针头；使局部皮肤复位，并进行消毒处理。

（4）注意事项 注射过程中应防止空气进入胸腔。

31 气管内注射法怎样操作？

（1）用途　气管内注射是一种呼吸道的直接给药方法。宜用于肺部的驱虫及气管与肺部疾病的治疗。主要用于猪和羊。

（2）部位　在颈上部，气管腹侧正中，两个气管软骨环之间。

（3）方法

① 动物行仰卧或侧卧（可使病侧肺部向下的方式侧卧）保定，使前躯稍高于后躯；局部剪毛、消毒。

② 术者持连接针头的注射器，于气管软骨环间垂直刺入（图1-8），缓缓注入药液，如遇动物咳嗽，则宜暂停；注毕拔出针头，局部消毒处理。

（4）注意事项　注射前宜将药液加温至近似体温程度，以减轻刺激；为避免咳嗽，可先注入2%普鲁卡因液2～5毫升，后再注入所需药液。

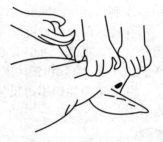

图1-8　猪的气管注射法

32 腹腔注射法怎样操作？

（1）用途　由于腹膜腔能容纳大量药液并有吸收能力，故可做大量补液，常用于猪、狗及猫。

（2）部位　牛在右侧肷窝部；马在左侧肷窝部；较小的猪则宜在两侧后腹部。

（3）方法

① 将猪两后肢提起，做倒立保定（图1-9）；局部剪毛，消毒。

② 术者一手把握猪的腹侧壁；另一手持连接针头的注射器（或仅取注射针头）于距耻骨前缘3～5厘米处的中线旁，垂直刺入（2～3厘米）。

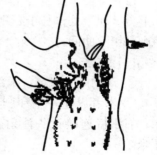

图1-9　猪的腹腔注射法

③ 注入药液后，拔出针头，局部消毒处理。

（4）注意事项　腹腔注射宜用无刺激性的药液；如药液量大时，则宜用等渗溶液，并将药液加温至近似体温的程度。

33 瓣胃注射法怎样操作？

（1）用途　将药物直接注入瓣胃中，可使瓣胃内容物软化，主要用于治疗牛的瓣胃阻塞。

（2）部位　瓣胃位于右侧第7～10肋间；穿刺点应在右侧第9肋间，肩关节水平线上、下2厘米的部位（图1-10）。

（3）方法

① 动物站立保定，局部剪毛、消毒。

② 术者取长15厘米（16～18号）针头，垂直刺入皮肤后，针头朝向左侧肘突（左前下方）方向刺入深8～10厘米（刺入瓣胃内时常

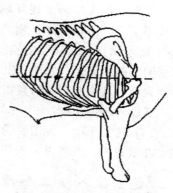

图1-10　牛的瓣胃注射法

有沙沙感）；为证实是否刺入瓣胃内，可先接注射器回抽之（如见有血液或胆汁说明刺入了肝脏或胆囊中，可能是位置过高或针头朝向上方的结果，应拔出针头，另行偏向下方刺入）或以注射器注入少量（20～50毫升）生理盐水并再回抽，如见混有草屑之胃内容物抽回，即为确实之证，可注入所需药物。注毕，迅速拔针，局部进行消毒处理。

（4）注意事项　保定应确实，注意安全；注药前或骚动后一定要鉴定针头确在瓣胃内，再行注入药物。

34 皱胃注射法怎样操作？

（1）用途　主要用于牛的皱胃阻塞或变位的诊断，另外，也可用于皱胃疾病的治疗。

（2）部位 皱胃位于右侧第12、13肋骨后下缘，选此处为穿刺点（图1-11）。

（3）方法

① 牛站立保定，局部剪毛、消毒。

② 取长15厘米（16～18号）针头，针头穿透上述穿刺点皮肤，朝向对侧肘突刺入5～8厘米深度，有坚实感觉，

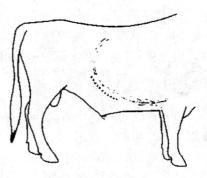

图1-11 牛的皱胃注射法

即表明已刺入皱胃，先注入生理盐水注射液50～100毫升，立即回抽注入液，其中混有胃内容物，pH为1～4，即可抽皱胃内容物检验，或注入所需药物。

（4）注意事项 保定要确实，注药前或骚动后一定要鉴定针头确实在皱胃内，方可再注入药物。

35 乳房注入法怎样操作？

（1）用途 将药液通过乳管注入乳池内，主要用于奶牛、奶山羊的乳房炎治疗。

（2）用具 乳导管（或尖端磨得光滑的针头），50～100毫升注射器或注入瓶。

（3）方法

① 动物站立保定，挤净乳汁，乳房外部洗净、拭干，用70％酒精消毒乳头。

② 以左手将乳头握于掌内并轻轻下拉，右手持乳导管自乳头开口处徐徐导入（图1-12）。

③ 再以左手把握乳头及导管，右手持注射器，使之与导管结合，徐徐注入药液。

④ 注毕，拔出乳导管；以左手拇指紧捏乳头开口，防止药液流出；并用右手进行乳房的按摩，使药液散开。

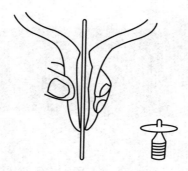

图 1-12 乳房注入法

（4）注意事项

① 如无特制乳导管，所用针头的尖端一定要磨平、光滑，以免损伤乳管黏膜。

② 注射前挤净乳汁，注后要充分按摩，注药期间不要挤乳。

③ 根据病情（如对奶牛乳热症的治疗），可用乳房送风器注入滤过的空气。

其他用药方法见彩图 24 至彩图 28。

抗微生物药

36 为什么不能长期大剂量使用抗菌药物？

长期大剂量地使用抗菌药物不仅造成药物的浪费，增加养殖成本，还会给畜禽造成毒性反应；诱发菌群交替及二重感染；导致细菌耐药性的产生或耐药菌株的出现，从而为今后的抗菌治疗带来困难；还会增加药物的残留等，给兽医工作及公共卫生带来严重的不良后果，危害人类健康给社会造成不可估计的损失。因此，必须认真对待抗菌药物的合理应用。

37 为什么抗生素应用不当会引起深部真菌感染？

深部真菌感染是在抗生素应用过程中，最常见的二重感染之一。长期应用广谱抗生素，抑制了体内敏感的菌群，而未被抑制者则乘机大量繁殖。有报告称，在发生真菌感染的 60 例病例中，93.8％应用过三种抗生素达 1 个月以上，另外还有资料表明抗生素还具有直接促进念珠菌生长的毒性作用。抗生素的长期使用所造成的肝、肾、骨髓组织和功能的损伤也有利于真菌的生长，特别是危重病例、使用激素及免疫抑制剂等使免疫功能降低，容易导致真菌内源性和外源性感染的发生和传播。所以，长期应用抗生素的动物，要注意检查化验有无真菌感染的迹象，一旦发现应及时处理。

38 为什么草食家畜忌口服抗生素？

原因有二：

（1）可引起草食家畜消化道机能和形态的改变　草食家畜消化草料除了依靠消化液外，还要依靠胃肠中大量的微生物。口服抗生素（如土霉素片）后，胃肠中起消化作用的有益微生物受到抑制或被杀灭，使正常的消化机能发生紊乱，并可引起家畜的肠黏膜坏死、肠上皮细胞脱落，肠黏膜下层充血、水肿。

（2）可发生死亡　主要原因是"二重感染"，草食家畜消化道内，存在着一定数量的细菌，其中有非致病菌，也有致病菌和条件致病菌，菌群之间互相制约，在一般情况下彼此和平共处，维持平衡共生状态。口服抗生素（如土霉素片）后，敏感菌群受到抑制，平衡被打破，耐药菌群（往往是致病菌）即因失去制约而乘机过度繁殖，对机体造成严重的危害。二重感染的病原菌，主要为金黄色葡萄球菌、真菌和肠道革兰氏阴性杆菌。它们可引起肠炎、肺炎、尿路感染和败血症。此外，肠道内有许多细菌具有合成 B 族维生素和维生素 K 的能力，对机体有益，这类细菌受到抑制，则引起维生素缺乏症。

39 如何正确联合应用抗菌药？

联合应用抗菌药物的目的是为了增强疗效，更好地控制感染，减轻毒性反应及延缓或减少细菌产生耐药性。联合用药可产生增强、相加、无关、颉颃四种效果。

为了便于临床上合理地联合使用抗菌药物，根据不同抗菌药物的抗菌机理和性质，将它们分为四类：第一类为繁殖期杀菌药，如青霉素、头孢菌素类等；第二类为静止期杀菌药，如氨基糖苷类、多黏菌素类等；第三类为速效抑菌药，如四环素类和氯霉素类等；第四类为慢效抑菌药，如磺胺药和抗菌增效剂。

第一类和第二类都是杀菌药，联合用药常可获得增强作用。如青霉素与链霉素合用，在链霉素的作用下，细菌合成了无功能的蛋白质，但蛋白质合成并未停止，因此细菌细胞继续生长而体积增大，这就有利于青霉素阻碍细菌细胞壁的合成，导致细胞壁缺损，胞浆内渗透压增高而使菌体肿大、变形、裂解而死亡。青霉素破坏细菌细胞壁的完整性，也有利于链霉素进入细胞内而发挥作用。

第三类和第四类合用，由于都是抑菌药，一般可获得相加作用。

第一类和第三类合用，可使抗菌作用明显减弱。如青霉素与四环素合用时，由于四环素使细菌蛋白质的合成迅速被抑制，细菌处于静止状态，致使青霉素干扰细胞壁合成的作用不能充分发挥，故呈现颉颃作用。

第二类和第三类合用，常可获得增加或相加作用。

第一类和第四类合用，相互影响不大，但有指征时青霉素可与磺胺药合用。例如，当脑膜炎时，由于青霉素透过血脑屏障的能力较差，可与易透过血脑屏障的磺胺嘧啶合用以提高疗效。

此外，同类型抗菌药物亦可考虑联合应用，如链霉素与多黏菌素合用；但作用机理相同的不宜合用（特别是氨基糖苷类），以免增加毒性。

在兽医临床上，青霉素和链霉素、磺胺药和抗菌增效剂的联合应用是在兽医工作中取得成功的例子，但对其他抗菌药联合应用尚缺乏有实证价值的例子，故应注意从实践中总结经验，不可滥用。

40 联合应用抗菌药物必须有哪些指征？

联合应用抗菌药物虽可获得增强或相加作用，但有时亦可产生颉颃现象和增强毒性反应。因此，联合用药必须有下列明确的指征：

（1）病因不明或病情危急的严重感染或败血症。

（2）单用一种抗菌药不能有效控制的严重混合感染，如严重烧伤、创伤性心包炎等。

（3）需长期用药的疾病，为防止耐药菌的出现，可采用联合用药。

（4）对某些不易透过感染病灶的抗菌药，亦可采用联合疗法。

41 怎样合理使用青霉素？

青霉素是兽医临床上给畜禽治疗疾病的常用药。但是，往往因使用不够合理而导致各种不良后果，不仅给养殖户增加成本，还会造成无谓的经济损失。实践表明，必须对症用药，合理使用，才能真正发挥药物作用，治好疾病，降低成本。

（1）合理对症用药　青霉素是窄谱抗生素，只对多数革兰氏阳性菌、部分革兰氏阴性球菌、螺旋体、放线菌等具有强大的作用，对革兰氏阴性菌如大肠杆菌、沙门氏菌等作用较弱，对结核杆菌、病毒等无效，对耐药的葡萄球菌也无效。因此，如果连续使用3天仍无效果，需要考虑换药。

（2）合理间隔用药　青霉素在生物体内经过3～4小时有90%已排泄，6小时血药浓度明显降低。而细菌受到青霉素的冲击后再生只需3小时不接触药物，而重新繁殖的细菌易产生耐药性。

所以，青霉素在临床治疗中要连续使用3～5天，每天最少要使用2～3次，在症状消失后还需要用药1～2天以巩固治疗。

（3）合理联合用药　一是青霉素与氨基糖苷类抗生素有协同作用，如链霉素、庆大霉素等；二是青霉素与丙磺舒、水杨酸类有协同作用；三是青霉素在中性溶液中较为稳定，在临床应用时最好用注射用水或生理盐水溶液，必须现用现配，绝对不能与维生素C、维生素B族、碳酸氢钠、阿托品等混合使用，以免产生混浊，降低效价。

（4）合理用药途径　青霉素钾不耐酸，内服会被胃酸消化酶破坏，仅有少量被吸收，一般达不到血药浓度，不宜内服。还因其水溶液极不稳定，放置时间越长分解越多，因此，用药后不宜饮水。最佳的用药途径是肌内注射或静脉滴注。有些疾病如创伤（化脓期）、蜂窝织炎或腐蹄病等，需局部用药和全身给药相结合，治疗效果才更好。

42 畜禽患哪些疾病时可以首选青霉素类药物治疗？

青霉素类药物对某些处于生长期的细菌是强力的杀菌药。其中天然的青霉素的抗菌谱较窄，主要对大多数革兰氏阳性菌（包括球菌和杆菌）和少数革兰氏阴性球菌及放线菌有强大的抗菌作用，对螺旋体也有作用。在较低浓度时仅有抑菌作用，在较高浓度时有强大的杀菌作用，但它不耐酸、不耐酶，某些细菌（如金黄色葡萄球菌）有耐药性，过敏反应比较多见等缺点。半合成青霉素（包括耐青霉素酶青霉素和广谱青霉素）的特点是耐酸、耐酶、抗菌谱广。青霉素类为对青霉素类敏感的细菌所致的各种疾患的首选药物，临床上最常用的是青霉素G。其主要适应证见表2-1。

表2-1 青霉素G可治疗的疾病

病原体	疾病
葡萄球菌	化脓创、乳腺炎、败血症、呼吸道感染、消化道感染、心内膜炎等
化脓性链球菌	化脓创、心内膜炎、乳腺炎、肺炎等
马腺疫链球菌	马腺疫、乳腺炎等
肺炎双球菌	肺炎
炭疽杆菌	炭疽
破伤风杆菌	破伤风
猪丹毒杆菌	猪丹毒、关节炎、感染创等
气肿疽梭菌	气肿疽
产气荚膜杆菌	气性坏疽、败血症等
马棒状杆菌	驹棒状杆菌性肺炎
化脓棒状杆菌	化脓创、关节炎、乳房炎、子宫炎等
肾棒状杆菌	牛肾盂肾炎
结节梭形菌	羊腐蹄病
单核细胞增多李氏杆菌	李氏杆菌病
牛型放线菌	放线菌病
耐青霉素葡萄球菌	化脓创、乳腺炎、败血症、呼吸道感染、消化道感染、心内膜炎等（选耐青霉素酶青霉素）
沙门氏菌属	沙门氏菌病（选氨苄青霉素、羧苄青霉素）
绿脓杆菌	大面积烧伤感染（选羧苄青霉素）

43 青霉素 G 不宜与哪些药物配伍使用？

不宜与青霉素 G 配伍的药物有以下这些：

（1）阿司匹林、保泰松、磺胺药对青霉素的排泄有阻滞作用，合用可升高青霉素类的血药浓度，也可增加毒性。

（2）红霉素、四环素等抑菌剂对青霉素的杀菌活性有干扰作用，不宜使用。

（3）重金属离子（尤其是铜、锌、汞）、醇类、酸、碘、氧化剂、还原剂、羟基化合物及呈酸性的葡萄糖注射液或四环素注射液都可破坏青霉素的活性，禁忌配伍，也不宜接触。

（4）青霉素 G 钠溶液与某些药物溶液（两性霉素、头孢噻吩、盐酸氯丙嗪、盐酸林可霉素、酒石酸去甲肾上腺素、盐酸土霉素、盐酸四环素、B 族维生素及维生素 C）不宜混合，否则可产生混浊、絮状物或沉淀。

44 用青霉素钠（或钾）盐治疗乳腺炎为什么采用乳房内注入？具体怎样操作？

乳腺炎是母畜乳腺发生的炎症，多发生于乳用家畜的泌乳期，有时也见于猪、羊、马。其病因：一是病原微生物感染，如链球菌属、葡萄球菌属、大肠杆菌属和双球菌、分枝杆菌、芽孢杆菌、放线菌、布鲁氏菌、支原体以及真菌、病毒等。二是中毒，如微生物毒素、胎衣和恶露腐败分解、饲料中毒、胃肠疾病等。三是乳房创伤、挫伤、幼畜吮乳时用力碰撞和徒手挤乳方法不当等。

青霉素不易从完整的黏膜或皮肤吸收。肌内注射青霉素后 30 分钟血中浓度达高峰，50％以上与血清蛋白暂时性结合外，青霉素可通过被动扩散透入各组织和其他体液中，一般达不到血清中的高峰浓度。透入乳汁中的药物浓度约为血中浓度的 1/10，分布于正常脑脊液、骨、眼房或脓腔的浓度极低，达不到有效治疗浓度，所以肌内注射青霉素治疗乳腺炎效果差，但可控制全身感染的发生，对乳腺炎的治愈也可发挥一定的作用。对青霉素浓度分布低的其他组织炎症也应采用以局部疗法为主的治疗方案。

具体方法：一是挤净乳汁，每患叶用青霉素 50 万国际单位（或配合 0.25～0.5 克链霉素）溶于 50 毫升蒸馏水中，或再加入 0.25％普鲁卡因溶液 10 毫升，经乳导管注入，每天 1～2 次。二是乳房基部周缘，用青霉素 50 万～100 万国际单位，溶于 0.25％普鲁卡因溶液 200～400 毫升中作环行封闭，每天 1～2 次。三是肌内注射青霉素（或与链霉素配合）。

45 注射用青霉素 G 为什么要临用前配制？

青霉素 G 是一种不稳定的有机酸，难溶于水。临床用的制剂是青霉素钠盐或钾盐的粉剂，其性质稳定，易溶于水，在室温中可保存数年而不失去抗菌活性，且耐热力很强，在 100 ℃下经 4 天，抗菌效能不减低。青霉素钾盐或钠盐溶于水后其稳定性大大降低，水溶液在 pH 6.0～6.5 时最稳定，pH5 以下和 pH8 以上时即破坏。在室温中其抗菌效能很快降低，且水溶液不耐热，温度愈高则破坏亦愈显著。

青霉素分子在 pH7.5 的水溶液中很快发生重排，分子重排成青霉烯酸，可与蛋白质结合成青霉噻唑蛋白和青霉烯酸蛋白而成为完全抗原，青霉素引起的过敏反应可能与此降解物有关。由此可见，青霉素水溶液放置后除引起效价降低外，并容易分解产生各种致敏物质。因此，临床注射青霉素 G 时要现配现用。

46 使用青霉素类抗生素应注意哪些事项？

使用青霉素类抗生素应注意：

（1）青霉素钠（或钾）易溶于水，水解率随温度升高而加速，因此注射液应临用前新鲜配制。必须保存时，应置冰箱中，宜当天用完。

（2）掌握与其他药物的相互作用和配伍禁忌，以免影响青霉素的药效。

（3）青霉素毒性虽低，但少数家畜可发生过敏反应，严重者出现过敏性休克。如不急救，常致死亡。

（4）青霉素钠和青霉素钾分别含钠离子和钾离子，大剂量注射可能出现高血钠症和高血钾症，对肾功能减退或心功能不全病畜会产生不良后果。用大剂量青霉素钾注射尤为禁忌。

（5）休药期、奶废弃期 3 天。

47 青霉素有何作用？如何使用？

［作用与用途］青霉素又称苄青霉素、青霉素 G，属于窄谱繁殖期杀菌药，对革兰氏阳性和阴性球菌、革兰氏阳性杆菌、放线菌、螺旋体高度敏感。金黄色葡萄球菌易产生耐药性。主要用于治疗革兰氏阳性敏感菌所致的疾病，如链球菌病、禽李氏杆菌病、猪丹毒、创伤性感染及各种呼吸道感染等。对鸡球虫病并发的肠道梭菌感染，需内服大剂量的青霉素。

［用法与用量］肌内注射，一次量，每千克体重，马、牛 1 万～2 万国际单位；羊、猪、驹、犊 2 万～3 万国际单位；禽 5 万国际单位，每天 2～3 次，连用2～3 天，临用前加注射用水适量，使溶解。

48 氨苄青霉素有何作用？如何使用？

［作用与用途］氨苄青霉素又称氨苄西林、安比西林，是广谱半合成抗生素。本品耐酸、不耐酶，内服或肌内注射均易吸收。对大多数革兰氏阳性菌的效力不及青霉素。但单核细胞增多性李氏杆菌对本品高度敏感。对革兰氏阴性菌，如大肠杆菌、变形杆菌、沙门氏菌、嗜血杆菌、布鲁氏菌和巴氏杆菌等均有较强的作用，与四环素相似或略强，但不如卡那霉素、庆大霉素和多黏菌素。本品对耐药金黄色葡萄球菌、绿脓杆菌无效。本品与庆大霉素、链霉素、卡那霉素等合用有协同作用。主要用于治疗敏感菌所致肺部、肠道、胆道、尿路感染及革兰氏阴性杆菌败血症等。不良反应同青霉素。

［用法与用量］内服：一次量，每千克体重犊牛 12 毫克；家禽

5～20毫克，每天1～2次或饮水每100升水加本品10克，早晚各1次，3～5天为一疗程。

肌内注射：一次量，每千克体重，马、牛、羊、猪4～15毫克，每天2次；鸡25毫克，每天3次。

[注意事项] 与青霉素有交叉过敏反应。兔内服后有腹泻、肠炎、肾小球损害等反应。

49 氨苄西林钠有何作用？如何使用？

[作用与用途] 氨苄西林钠为半合成的广谱青霉素。对革兰氏阳性菌如链球菌、葡萄球菌、梭菌、棒状杆菌、梭杆菌、丹毒丝菌、放线菌、李氏杆菌等的作用与青霉素近似。能被青霉素酶破坏，对耐青霉素金黄色葡萄球菌无效。对多种革兰氏阴性菌如布鲁氏菌、变形杆菌、巴氏杆菌、沙门氏菌、大肠杆菌、嗜血杆菌等有抑杀作用，但易产生耐药性。多数绿脓杆菌对本品耐药。

本品对胃酸相当稳定，内服后吸收良好。

主要用于敏感菌引起的肺部、肠道、胆道、尿路感染及革兰氏阴性杆菌败血症等。如牛的巴氏杆菌病、肺炎、乳房炎、子宫炎、肾盂肾炎、沙门氏菌肠炎等；马的支气管炎、子宫炎、腺疫、驹链球菌肺炎、驹肠炎等；猪肠炎、肺炎、丹毒、子宫炎和仔猪白痢等；羊的乳腺炎、子宫炎和肺炎等。

[用法与用量] 混饮，每升水禽600毫克。

肌内、静脉注射，一次量，每千克体重，家畜10～20毫克，每天2～3次，连用2～3天。

[注意事项]

（1）对青霉素耐药的细菌感染不宜应用。

（2）对青霉素过敏的动物禁用，成年反刍动物禁止内服；马属动物不宜长期内服。

（3）本品溶解后应立即使用。其稳定性随浓度和温度而异，即两者越高，稳定性越差。在5℃时1‰氨苄西林钠溶液的效价能保持7天。

（4）在酸性葡萄糖溶液中分解较快，有乳酸和果糖存在时亦使稳定性降低，故宜用中性液体作溶剂。

（5）牛休药期6天，猪休药期15天，牛奶废弃期2天。

50 阿莫西林有何作用？如何使用？

［作用与用途］阿莫西林穿透细胞壁的能力较强，能抑制细菌细胞壁的合成，使细菌迅速成为球形体而破裂溶解，故对多种细菌的杀菌作用较氨苄西林迅速而强。但对志贺氏菌属的作用较弱。细菌对本品有完全的交叉耐药性。

阿莫西林在胃酸中较稳定，单胃动物内服后74%～92%被吸收。食物能降低其吸收速率，但不影响吸收量，同等剂量内服后阿莫西林的血清浓度一般比氨苄西林大1.5～3倍。主要用于牛的巴氏杆菌、嗜血杆菌、链球菌、葡萄球菌性呼吸道感染，坏死梭杆菌性腐蹄病，链球菌和敏感金黄色葡萄球菌性乳腺炎（泌乳奶牛），犊牛大肠杆菌性肠炎；犬、猫的敏感菌感染如敏感金黄色葡萄球菌、链球菌、大肠杆菌等引起的呼吸道感染，泌尿生殖道感染和胃肠道感染及多种细菌引起的皮炎和软组织感染。

［用法与用量］内服，一次量，每千克体重，犊牛10毫克，每天2次，连用5天。

皮下、肌内注射，一次量，每千克体重，牛6～10毫克，每天1次，连用5天。

［注意事项］

（1）参见氨苄西林钠。

（2）本品在胃肠道的吸收不受食物影响。为避免动物出现呕吐、恶心等胃肠道症状，宜在饲后服用。

（3）牛内服休药期20天，注射休药期25天，牛奶废弃期4天。

51 头孢类抗生素的作用特点是什么？

头孢菌素类抗生素又称先锋霉素类抗生素，是以头孢菌的培养液挑取的头孢菌素 C 为原料，经催化水解得到 7-氨基头孢烷酸、通过侧链改造而得到的半合成抗生素。其作用机制、临床应用与青霉素相似。本类药物具有抗菌谱广、对酸和 β-内酰胺酶较青霉素类稳定、毒性小等优点。按发明先后和抗菌效能的不同，可分为第一、二、三代头孢菌素，因价格昂贵，国内兽医多用第一代品种如头孢噻吩、头孢氨苄、头孢唑林等，仅少数第三代品种如头孢噻肟、头孢三嗪等用于贵重动物和宠物。

52 头孢噻吩钠有何作用？如何使用？

[作用与用途] 头孢噻吩钠为广谱抗生素。但对革兰氏阳性菌活性较强，对革兰氏阴性菌相对较弱。本品对葡萄球菌产生的青霉素酶最为稳定，大肠杆菌、沙门氏菌属、志贺氏菌属等革兰氏阴性菌呈中度敏感，而肠杆菌、绿脓杆菌等均高度耐药。

口服吸收很差，必须注射才能达到有效血药浓度。

主要用于耐青霉素酶金黄色葡萄球菌及一些敏感革兰氏阴性菌所引起的呼吸道、泌尿道、软组织等感染及乳牛乳腺炎和败血症。

[用法与用量] 肌内或静脉注射，一次量，每千克体重，马 10~20 毫克；禽 100 毫克，每天 3~4 次。

[注意事项]

（1）头孢噻吩钠与下列药物混合有配伍禁忌：硫酸阿米卡星、硫酸庆大霉素、硫酸卡那霉素、新霉素、盐酸土霉素、盐酸金霉素、盐酸四环素、硫酸黏菌素、乳酸红霉素、林可霉素、磺胺异噁唑、氯化钙等。偶然也可能与青霉素、B 族维生素和维生素 C 发生配伍禁忌。

（2）与氨基糖苷类抗生素或呋塞米、依他尼酸、布美他尼等强效利尿药合用可能增加肾毒性。

（3）对头孢菌素过敏动物禁用，对青霉素过敏动物慎用。

（4）局部注射可出现疼痛、硬块，故本品应作深部肌内注射；肝、肾功能减退病畜慎用。

（5）稀释后的头孢噻吩钠注射液在室温中保存不能超过 6 小

时，冷藏（2～10 ℃）可维持效价 48 小时。头孢噻吩钠 1.06 克相当于头孢噻吩 1 克。

53 头孢噻呋有何作用？如何使用？

[作用与用途] 头孢噻呋具广谱杀菌作用，对革兰氏阳性、革兰氏阴性包括产 β-内酰胺酶菌株均有效。敏感菌有巴氏杆菌、放线菌、嗜血杆菌、沙门氏菌、链球菌、葡萄球菌等。抗菌活性比氨苄西林强，对链球菌的活性也比喹诺酮类抗菌药强。

本品肌内注射和皮下注射后吸收迅速，血中和组织中药物浓度高，有效血药浓度维持时间长，消除缓慢，半衰期长。

主要用于下列敏感菌所致的牛、马、猪、犬及 1 日龄雏鸡的疾患。

（1）牛 主要用于溶血性巴氏杆菌、多杀性巴氏杆菌与昏睡嗜血杆菌引起的呼吸道病（运输热、肺炎）。对化脓棒状杆菌等呼吸道感染也有效。也可治疗坏死梭菌、产黑色拟杆菌引起的腐蹄病。

（2）猪 用于胸膜肺炎放线杆菌、多杀性巴氏杆菌、猪霍乱沙门氏菌与猪链球菌引起的呼吸道病（猪细菌性肺炎）。

（3）马 主要用于兽疫链球菌引起的呼吸道感染。对巴氏杆菌、马链球菌、变形杆菌、摩拉菌等呼吸道感染也有效。

（4）1 日龄雏鸡 防治与雏鸡早期死亡有关的大肠杆菌病。

[用法与用量] 肌内注射，一次量，每千克体重，牛 1.1～2.2 毫克，马 2.2～4.4 毫克，猪 3～5 毫克，每天 1 次，连用 3 天。

1 日龄雏鸡，每羽 0.08～0.2 毫克（颈部皮下注射）。

[注意事项]

（1）同其他头孢菌素。

（2）马在应激条件下应用本品可伴发急性腹泻，能致死。一旦发生立即停药，并采取相应治疗措施。

（3）注射用头孢噻呋按规定剂量、疗程和投药途径应用，无宰前休药期也无牛奶废弃期。盐酸头孢噻呋混悬注射液的休药期为：

牛 2 天。

（4）主要经肾排泄，对肾功能不全者要注意调整剂量。

（5）注射用头孢噻呋用前以注射用水溶解，使每毫升含头孢噻呋 50 毫克（2～8 ℃冷藏保效 7 天，15～30 ℃室温中保效 12 小时）。

54 大环内酯类抗生素替米考星如何使用？注意事项有哪些？

[作用与用途] 替米考星具有与大环内酯类药物相似的抗菌活性，对革兰氏阳性菌和一些革兰氏阴性菌及支原体有效。尤其对胸膜肺炎放线杆菌、巴氏杆菌、金黄色葡萄球菌、化脓链球菌、肺炎链球菌、化脓棒状杆菌及畜禽支原体的活性比泰乐菌素更强。临床上主要用于治疗牛、山羊、绵羊、奶牛、猪、鸡等动物由敏感菌引起的感染性疾病，特别是畜禽呼吸道感染及敏感菌引起的奶牛乳房炎。替米考星临床上主要用于防治牛、羊、猪、鸡等动物由细菌和支原体感染引起的疾病，如肺炎、乳房炎、猪气喘病、鸡慢性呼吸道疾病等。

[用法与用量]

（1）牛　皮下注射一次量按每千克体重 10 毫克，2～3 天 1 次，每个注射点不超过 15 毫升，对牛的肺炎、慢性支气管炎及其他呼吸道疾病能起到有效的治疗作用。治疗奶牛乳房炎时，以每千克体重 10 毫克皮下注射或 300 毫克/次乳房灌注，能有效地抑制金黄色葡萄球菌和乳房内感染。

（2）猪　混饲，每吨饲料 200～400 克（以替米考星计）连续饲喂 15 天，可防治猪支原体肺炎。

（3）禽　每升饮水按 100～200 毫克，连用 7 天，可预防和治疗禽支原体病，但产蛋鸡不能用。

[注意事项]

（1）本品与肾上腺素联用可促进猪只死亡。

（2）本品禁止静脉注射，牛一次静脉注射每千克体重 5 毫克即致死，对猪、灵长类动物和马也有致死的危险性。

（3）肌内和皮下注射均可出现局部反应（水肿等），亦不能与眼接触。皮下注射部位应选在牛肩后肋骨上的区域内。

（4）本品毒性作用的靶器官是心脏，可引起心跳过速和收缩力减弱。牛皮下注射每千克体重 50 毫克不致死，每千克体重 150 毫克则致死。猪肌内注射每千克体重 10 毫克引起呼吸增数、呕吐和惊厥；每千克体重 20 毫克可使 3/4 的试验猪死亡。猴一次肌内注射每千克体重 10 毫克无中毒症状，每千克体重 20 毫克引起呕吐，每千克体重 30 毫克则致死。

（5）应用本品时应密切监视心血管状态。心脏 β_1 受体激动剂——多巴酚丁胺能解除犬的负性心力效应。

（6）本品的注射用药慎用于除牛以外的动物。

55 泰乐菌素如何使用？

[作用与用途] 泰乐菌素又名泰乐霉素，为大环内酯类畜禽专用抗生素。对革兰氏阳性菌和一些阴性菌有效。敏感菌有金黄色葡萄球菌、化脓链球菌、肺炎链球菌、化脓棒状杆菌等。对支原体属特别有效，是大环内酯类中抗支原体作用最强的药物之一。主要用于防治猪、禽支原体病，如鸡的慢性呼吸道疾病和传染性窦腔炎及猪支原体肺炎和支原体关节炎。对敏感菌并发的支原体感染尤为有效。本品也用于治疗牛巴氏杆菌引起的肺炎、运输热和化脓放线菌引起的腐蹄病以及猪巴氏杆菌引起的肺炎和猪痢疾密螺旋体引起的下痢。

[用法与用量]

（1）肌内注射 一次量，每千克体重，牛 18 毫克，猪 9 毫克，每天 2 次，连用 5 天。

（2）混饮 酒石酸泰乐菌素可溶性粉，每升水，禽 500 毫克（效价），连用 3～5 天。蛋鸡产蛋期禁用。鸡休药期 1 天。

（3）混饲 磷酸泰乐菌素预混剂，每吨饲料，鸡 4～50 克（效价）。猪每吨饲料，10～100 克（效价）。

[注意事项]

（1）本品的水溶液遇铁、铜、铝、锡等离子可形成络合物而减效。

（2）细菌对其他大环内酯类耐药后，对本品常不敏感。

（3）本品较安全。鸡皮下注射有时仅发生短暂的颜面肿胀，猪偶见直肠水肿和皮肤红斑、瘙痒等反应。

（4）产蛋鸡和泌乳奶牛禁用。马属动物注射本品易致死，禁用。

（5）牛休药期 21 天，产奶牛禁用。猪休药期 14 天。

56 吉他霉素有何作用？如何使用？

[作用与用途] 吉他霉素又名北里霉素，对革兰氏阳性菌、部分阴性菌、立克次氏体、螺旋体、支原体和衣原体都有效，对支原体的作用接近泰乐菌素，特别对耐药的金黄色葡萄球菌的效力强于四环素、红霉素。本品主要用于预防和治疗鸡的慢性呼吸道病，此外，也常用作饲料添加剂，以促进家禽生长和提高饲料转化率。

[用法与用量]

（1）内服　一次量，每千克体重，猪 20～30 毫克，禽 20～50 毫克，每天 2 次，连用 3～5 天。

（2）混饮　酒石酸吉他霉素可溶性粉，每升饮水中，以有效成分计，猪 100～200 毫克（10 万～20 万单位），鸡 250～500 毫克（25 万～50 万单位），5 天为 1 疗程，连用 1～2 个疗程。猪宰前 3 天、鸡宰前 2 天停止给药。鸡产蛋期禁用。

（3）混饲　每吨饲料，以有效成分计，促生长量，猪 5～50 克（500 万～5 000 万单位），鸡 5～10 克（500 万～1 000 万单位）；治疗量，猪 80～300 克（8 000 万～3 亿单位），鸡 100～300 克（1 亿～3 亿单位），连用 5～7 天。注意产蛋期禁用，宰前 2 天停止给药；治疗疾病时连续使用不得超过 5～7 天。

（4）注射　注射用酒石酸北里霉素，皮下或肌内注射，一次量，每千克体重，猪 2～55 毫克，鸡 25～50 毫克，每天 2 次。

57 氨基糖苷类抗生素有哪些？这类药物有何共同特征？

氨基糖苷类包括两大类：一类为来自链霉菌的链霉素、卡那霉素、妥布霉素、大观霉素、新霉素等和来自小单胞菌的庆大霉素、小诺霉素等天然氨基糖苷类；另一类为阿米卡星、奈替米星等半合成氨基糖苷类。

兽医临床上常用的有链霉素、卡那霉素、庆大霉素等。它们具有以下共同特征：

（1）均为有机碱，能与酸形成盐。常用制剂为硫酸盐，易溶于水，性质比青霉素稳定，在碱性环境中作用增强。

（2）内服吸收很少，可作为肠道感染用药。全身感染时常注射给药。大部分以原形从尿中排出，适用于泌尿道感染，肾功能下降时，消除半衰期明显延长。

（3）抗菌谱较广，对需氧革兰氏阴性杆菌及结核杆菌有强大作用，但对革兰氏阳性菌的作用较弱。

（4）作用机理均为抑制蛋白质的生物合成，在低浓度时抑菌，高浓度时杀菌，对静止期细菌的杀灭作用较强，为静止期杀菌药。

（5）主要不良反应是对第八对脑神经的毒性及肾损伤。

（6）细菌对本类药物易产生耐药性，其发生方式为跃进式，各药间有部分或完全交叉耐药性。

58 氨基糖苷类抗生素的毒副作用有哪些？

氨基糖苷类抗生素毒、副作用主要有以下几点：

（1）肾毒性　主要损害近曲小管上皮细胞，出现蛋白尿、管型尿，严重时出现肾功能减退，其损害程度与剂量大小及疗程长短相关。庆大霉素的发生率较高。由于氨基糖苷类主要从尿中排出，为避免药物积聚，损害肾小管，应给患畜足量饮水。

肾脏损害常使血药浓度增高，易诱发耳毒性症状。

（2）耳毒性　可表现为前庭功能失调及耳蜗神经损害。两者可同时发生，亦可出现其中的一种反应。但前者多见于链霉素、庆大霉素等，而后者多见于新霉素、卡那霉素、阿米卡星等。耳毒性的发生机制尚未完全阐明。早期的变化可逆，超过一定程度则变化不可逆。

（3）神经肌肉阻滞　本类药物可抑制乙酰胆碱的释放，并与Ca^{2+}络合，促进神经肌肉接头的阻滞作用。其症状为心肌抑制和呼吸衰竭，以新霉素、链霉素和卡那霉素较多发生。可静脉注射新斯的明和钙制剂对抗。

（4）其他　内服可损害肠壁绒毛器官而影响肠道对脂肪、蛋白质、糖、铁等的吸收，亦可引起肠道菌群的失调，发生厌氧菌或真菌的二重感染。

皮肤黏膜感染时的局部应用，易引起对该药的过敏反应和耐药菌的产生，宜慎用。

59 硫酸卡那霉素有何作用？如何使用？注意事项有哪些？

[作用与用途]　硫酸卡那霉素对大多数革兰氏阴性菌如大肠杆菌、变形杆菌、沙门氏菌等都有强大的抗菌作用。对金黄色葡萄球菌和结核杆菌亦有效。链球菌、绿脓杆菌、猪丹毒杆菌对本品耐药。对青霉素、链霉素、对氨基水杨酸异烟肼、四环素等有耐药的菌株，对本品也敏感。临床上主要用于治疗对青霉素耐药的金黄色葡萄球菌和多数革兰氏阴性杆菌所引起的感染，如败血症、乳腺炎、肠道感染（包括腹膜炎）、泌尿道感染、肺部感染、胆道感染、鸡白痢、禽霍乱等。

[用法与用量]　肌内注射，一次量，家畜10～15毫克，每天2次，连用2～3天。

[注意事项]

（1）硫酸卡那霉素对其他氨基糖苷类有交叉过敏现象，对氨基糖苷类过敏的患畜应禁用本品。

（2）患畜出现失水（可导致血药浓度增高）或肾功能损害时

慎用。

（3）用本品治疗泌尿道感染时，宜同时内服碳酸氢钠使尿液呈碱性。

（4）本品内服极少吸收，仅适用于肠道感染。

60 硫酸庆大霉素有何作用？如何使用？

［作用与用途］本品为氨基糖苷类广谱抗生素，对多种革兰阴性菌及阳性菌都具有抑菌和杀菌作用。对绿脓杆菌、产气荚膜杆菌、肺炎杆菌、沙门氏菌属、大肠杆菌及变形杆菌等革兰阴性菌和金黄色葡萄球菌等作用较强。临床上用于金黄色葡萄球菌、绿脓杆菌、大肠杆菌、痢疾杆菌、克雷伯氏杆菌、变形杆菌和其他敏感菌所引起的败血症、呼吸道感染、胆道感染、化脓性腹膜炎、尿路感染及细菌性痢疾等疾患。

［用法与用量］

（1）内服　每天每千克体重，驹、犊、仔猪、羔羊10～15毫克，分2～3次服用。

（2）肌内注射　一次量，每千克体重，家畜2～4毫克，每天2次，连用2～3天。

61 硫酸新霉素有何作用？如何使用？

［作用与用途］抗菌范围与卡那霉素相仿。对金黄色葡萄球菌及肠杆菌科细菌（大肠杆菌等）有良好抗菌作用。细菌对新霉素可产生耐药性，但较缓慢，且在链霉素、卡那霉素和庆大霉素间有部分或完全的交叉耐药性。

本品注射毒性大，已禁用，内服用于肠道感染，局部应用对葡萄球菌和革兰氏阴性杆菌引起的皮肤、眼、耳感染及子宫内膜炎等也有良好疗效。

［用法与用量］

（1）内服　一次量，每千克体重，牛、猪、羊10毫克，一天2次，连用3～5天。

（2）混饮 每升水，禽 50～75 毫克。

[注意事项] 除同其他氨基糖苷类药物外，还应注意：

（1）本品毒性反应比卡那霉素大，注射后可引起明显的肾毒性和耳毒性。

（2）内服本品可影响维生素 A 或维生素 B_{12} 及洋地黄苷类的吸收。

（3）内服休药期，牛 1 天；猪 3 天；羊 2 天；鸡 5 天。

62 大观霉素有何作用？如何使用？

[作用与用途] 大观霉素对多种革兰氏阴性菌如大肠杆菌、肠杆菌属、沙门氏菌属、志贺氏菌属、变形杆菌等有中度抑菌活性。绿脓杆菌和密螺旋体通常耐药。A 组链球菌、肺炎球菌、表皮葡萄球菌和某些支原体（如鸡败血性支原体、火鸡支原体、鸡滑液囊支原体、猪鼻支原体、猪滑膜支原体）呈敏感。草绿色链球菌和金黄色葡萄球菌多不敏感。

主要用于猪、鸡、火鸡。防治仔猪的肠道大肠杆菌病（白痢）及肉鸡的慢性呼吸道病和传染性滑囊炎。也有助于平养鸡的增重和改善饲料效率。对 1～3 日龄火鸡雏和刚出壳的雏鸡皮下注射可防治火鸡的气囊炎（火鸡支原体感染）和鸡的慢性呼吸道病（伴发大肠杆菌感染）。亦能控制关节液支原体、鼠伤寒沙门氏菌和大肠杆菌等感染的死亡率，降低感染的严重程度。

[用法与用量]

（1）内服 一次量，每千克体重，仔猪 10 毫克，每天 2 次，连用 3～5 天。

（2）混饮 每升水，鸡 1～2 克，连用 3～5 天。

（3）皮下注射 每只火鸡雏 10 毫克，雏鸡 2.5～5.0 毫克。

[注意事项]

（1）大观霉素与四环素同用呈颉颃作用。

（2）注射应用的安全性大于其他氨基糖苷类抗生素。火鸡雏每只皮下注射 50 毫克未见不良反应，90 毫克产生短暂共济失调和昏迷，约 4 小时后康复。

（3）本品的耳毒性和肾毒性低于其他氨基糖苷类抗生素，但能引起神经肌肉阻滞作用，注射钙制剂可解救。

（4）内服休药期，猪 21 天；鸡 5 天，产蛋期禁用。

63 盐酸大观—林可霉素可溶性粉有何作用？如何使用？注意事项有哪些？

本品由盐酸大观霉素、盐酸林可霉素按 2∶1 比例，加乳糖或葡萄糖配制而成。

［作用与用途］本品对革兰氏阳性和阴性菌均有高效抗菌作用，抗菌范围和活性比单用明显扩大和增强。

本品作为饮水剂，主要用于防治鸡大肠杆菌病和慢性呼吸道病。对火鸡雏的气囊炎（火鸡支原体感染）也有效。也用于大肠杆菌、沙门氏菌引起的猪下痢、细菌性肠炎及敏感菌引起的猪传染性关节炎。

［用法与用量］

（1）内服　一次量，每千克体重，猪 10 毫克，禽 50～150 毫克（有效成分），每天 1 次，连用 3～7 天。

（2）混饮　每升水，猪 0.06 克，禽 0.5～0.8 克（有效成分），连用 3～7 天。

［注意事项］

（1）兔、仓鼠、豚鼠、马或反刍动物经口摄入本品可能引发严重的胃肠道反应。

（2）本品对鸡、火鸡和猪的毒性低。以 5 克/升给鸡饮服，仅见粪便稀软、盲肠肿大、内有泡状或水样内容物。火鸡连续 7 天饮用 7.5 克/升，仅见饮水量增加。猪饮用 0.06 克/升，连续 5 天出现短暂性软粪，偶见肛门区域刺激症状；0.6 克/升则常发下痢、肛门刺激，偶见肛门垂脱。

（3）本品对猪、禽无休药期。

64 盐酸林可霉素有何作用？如何使用？注意事项有哪些？

[作用与用途] 盐酸林可霉素又称盐酸洁霉素，抗菌谱较红霉素窄。革兰氏阳性菌如金黄色葡萄球菌（包括耐青霉素菌株）、链球菌、肺炎球菌、炭疽杆菌、猪丹毒丝菌及某些支原体（猪肺炎支原体、猪鼻支原体、猪关节液支原体）、钩端螺旋体均对本品敏感。而革兰氏阴性菌如巴氏杆菌、克雷伯氏菌假单胞菌、沙门氏菌、大肠杆菌等均对本品耐药。林可霉素类的最大特点是对厌氧菌有良好抗菌活性，如梭杆菌属、消化链球菌、破伤风梭菌、产气荚膜梭菌及大多数放线菌均对本类抗生素敏感。

主要用于敏感菌所致的各种感染如肺炎、支气管炎、败血症、骨髓炎、蜂窝织炎、化脓性关节炎和乳腺炎等。对猪的密螺旋体血痢、支原体肺炎及鸡的气囊炎、梭菌性坏死性肠炎和乳牛的急性腐蹄病等亦有防治功效。本品与大观霉素并用对禽败血性支原体和大肠杆菌感染的疗效超过单一药物。

[药物的相互作用]

（1）与庆大霉素等联合对葡萄球菌、链球菌等革兰氏阳性菌呈协同作用。

（2）不宜与抗蠕动止泻药同用，因可使肠内毒素延迟排出，从而导致腹泻延长和加剧。亦不宜与含白陶土止泻药同时内服，后者将减少林可霉素的吸收达90%以上。

（3）林可霉素类与红霉素合用有颉颃作用。与卡那霉素、新生霉素同瓶静脉注射时有配伍禁忌。

[用法与用量]

（1）内服 一次量，每千克体重，猪10～15毫克，每天1～2次，连用3～5天。

（2）混饮 每升水，猪40～70毫克，鸡17毫克（以林可霉素计）。

（3）混饲 每吨饲料，猪44～77克，禽2.2～4.4克（以林可霉素计），连用1～3周或至症状消失为止。

（4）肌内注射 一次量，每千克体重，猪 10 毫克，每天 1 次；犬、猫 10 毫克，每天 2 次，连用3～5 天。

[注意事项]

（1）林可霉素类禁用于兔、仓鼠、马和反刍兽，因可发生严重的胃肠反应（峻泻等），甚至死亡。

（2）林可霉素禁用于对本品过敏的动物或已感染念珠菌病的动物。

猪也可发生胃肠反应。大剂量时，部分猪可出现皮肤红斑及肛门或阴道水肿。

（3）猪肌内注射休药期为 2 天，内服休药期为 5 天。鸡无休药期。泌乳期奶牛和产蛋期鸡禁用。

65 硫酸安普霉素有何作用？如何使用？

[作用与用途] 对多种革兰氏阴性菌（大肠杆菌、假单胞菌、沙门氏菌、克雷伯氏菌、变形杆菌、巴氏杆菌、猪痢疾密螺旋体、支气管炎博德特菌）及葡萄球菌和支原体均具有杀菌活性。主要用于治疗猪大肠杆菌和其他敏感菌所致的疾病。也可治疗犊牛肠杆菌和沙门氏菌引起的腹泻。对鸡大肠杆菌、沙门氏菌及部分支原体感染也有效。

[用法与用量]

（1）混饲 每吨饲料，猪 80～100 克（以安普霉素计），连用 7 天。

（2）混饮 每升水，鸡 0.25～0.5 克（以安普霉素计），连用 5 天。

66 土霉素有何作用？如何使用？注意事项有哪些？

[作用与用途] 本品具有广谱抗菌作用，敏感菌包括肺炎球菌、链球菌、部分葡萄球菌、炭疽杆菌、破伤风杆菌、棒状杆菌等革兰氏阳性菌以及大肠杆菌、巴氏杆菌、沙门氏菌、布鲁氏菌、嗜血杆

菌、克雷伯氏菌和鼻疽杆菌等革兰氏阴性菌。对支原体（如猪肺炎支原体）、衣原体、立克次氏体、螺旋体等也有一定程度的抑制作用。

主要用于防治巴氏杆菌病、布鲁氏菌病、炭疽、大肠杆菌和沙门氏菌感染、急性呼吸道感染、马鼻疽、马腺疫和猪支原体肺炎等。对敏感菌所致的泌尿道感染，宜同服维生素C酸化尿液。亦常用作饲料药物添加剂，除可一定程度地防治疾病外，还能改善饲料的利用效率和促进增重。

[药物相互作用] 本品不能与碳酸氢钠同用，因可能升高胃内pH，而使四环素类的吸收减少及活性降低。

本品不能与钙盐、铁盐或含金属离子钙、铁、铝、铋、镁等的药物（包括中草药）同用，因可与四环素类形成不溶性络合物，减少药物的吸收。

本品与强利尿药如呋塞米等同用，可引起肾功能损害加重，故不能同用。

四环素类属快效抑菌药，可干扰青霉素类对细菌静止期的杀菌作用，宜避免同用。

[用法与用量]

（1）内服　一次量，每千克体重，猪、驹、犊、羔10～25毫克，犬15～50毫克，禽25～50毫克，每天2～3次，连用3～5天。

（2）静脉注射　一次量，每千克体重，家畜5～10毫克，每天2次，连用2～3天。

[注意事项]

（1）本品应避光密闭，在凉暗干燥处保存。忌日光照射，忌与含氯量多的自来水和碱性溶液混合。不用金属容器盛药。

（2）内服时避免与乳制品和含钙、镁、铁、铝、铋等药物及含钙量较高的饲料合用。食物可阻滞四环素类吸收，宜饲前空腹服用。

（3）成年反刍动物、马属动物和兔不宜内服四环素类，因为易引起消化紊乱，导致减食、腹胀、下痢及 B 族维生素、维生素 K 缺乏等症状。长期应用可诱发耐药细菌和真菌的二重感染，严重者引起败血症而死亡。马有时在注射后亦可发生胃肠炎，宜慎用。

（4）患畜肝、肾功能严重损害时，忌用四环素类药物。

67 多西环素如何使用？

[作用与用途] 抗菌谱同土霉素。抗菌活性略强于土霉素和四环素。敏感菌包括肺炎球菌、链球菌、部分葡萄球菌、炭疽杆菌、破伤风杆菌、棒状杆菌等革兰氏阳性菌以及大肠杆菌、巴氏杆菌、沙门氏菌、布鲁氏菌、嗜血杆菌、克雷伯氏菌和鼻疽杆菌等革兰氏阴性菌。对支原体（如猪肺炎支原体）、衣原体、立克次氏体、螺旋体等也有一定程度的抑制作用。内服后易于吸收。

适应证同土霉素。尤其适用于肾功能减退患畜。主要用于防治巴氏杆菌病、布鲁氏菌病、炭疽、大肠杆菌和沙门氏菌感染、急性呼吸道感染、马鼻疽、马腺疫和猪支原体肺炎等。对敏感菌所致的泌尿道感染，宜同服维生素 C 酸化尿液。亦常用作饲料药物添加剂，除可一定程度地防治疾病外，还能改善饲料的利用效率和促进增重。

[用法与用量] 内服，一次量，每千克体重，猪、驹、犊、羔 3～5 毫克，犬、猫 5～10 毫克，禽 15～25 毫克，每天 1 次，连用 3～5 天。

68 金霉素如何使用？

[作用与用途] 本品与土霉素同属四环类广谱抗生素，但金霉素促进生长和灭杀细菌能力大大优于土霉素。饲用金霉素能促进畜禽生长发育，提高饲料报酬率 30％以上，对 0～8 周龄雏鸡可提高育雏率 6.23％，增重 11.94％，可预防金霉素敏感菌引起的疾病。饲用金霉素对革兰氏阳性菌、阴性菌均有较强的抑制作用。对防治鸡白痢、伤寒、副伤寒、霍乱、球虫病、肺炎、肠炎、气喘病及

鱼、虾、蚌类的细菌性疾病尤为显著。

[用法与用量] 内服剂量同土霉素。家禽可按每吨饲料200~600克浓度混饲给药，一般不超过5天。以每吨饲料500克浓度混饲给药，可消灭鹦鹉热和鸽体内的鹦鹉热病原体。也可将金霉素塞入子宫内治疗子宫内膜炎。牛1克，羊、猪0.5克，隔天1次，连用3~5天。

69 氟苯尼考有何作用？如何使用？注意事项有哪些？

[作用与用途] 本品为动物专用的广谱抗生素，对多种革兰氏阳性菌和革兰氏阴性菌及支原体等均有作用，如仔猪副伤寒沙门氏菌、猪霍乱沙门氏菌、副伤寒沙门氏菌、马流产沙门氏菌、鸡白痢沙门氏菌、溶血性巴氏杆菌、多杀性巴氏杆菌、大肠杆菌等。首先用于水产业，主要用于治疗鱼类由气单胞菌、假单胞菌、弧菌等细菌引起的疾病，如烂鳃病、白皮病、细菌性败血症等，现在主要用于治疗畜禽的沙门氏菌和大肠杆菌感染、黄白痢、幼畜副伤寒、禽大肠杆菌病、鸭疫巴氏杆菌病、猪传染性胸膜肺炎、牛呼吸道疾病等因细菌引起的全身各部位感染。

[用法与用量] 内服，一次量，每千克体重，猪、鸡20~30毫克，每天2次，连用3~5天。

肌内注射，一次量，每千克体重，牛20毫克，猪、鸡20~30毫克，每天2次，连用3~5天。

[注意事项]

（1）本品具有胚胎毒性，勿用于哺乳期和孕期的母畜。

（2）本品不引起再生障碍性贫血，但用药后牛可出现短暂的厌食、饮水减少和腹泻等不良反应，注射部位可出现炎症。

70 泰妙菌素有何作用？如何使用？

[作用与用途] 泰妙菌素又名泰妙灵、支原净。其抗菌谱与大环内酯类相似，对革兰氏阳性菌（如金黄色葡萄球菌、链球菌）、

支原体（鸡败血支原体）等有较强的抗菌作用。用于防治鸡慢性呼吸道疾病等。

泰妙菌素能影响莫能菌素、盐霉素等的代谢，合用时易导致中毒，引起鸡生长迟缓、运动失调、麻痹瘫痪，直至死亡。因此，禁止本品与聚醚类抗生素合用。

[用法与用量] 延胡索酸泰妙菌素可溶性粉，混饮，鸡每升水125～250 毫克，连用 3～5 天。

71 磺胺类药物是怎样分类的？

（1）根据磺胺类药物在肠道吸收的难易程度和不同的用药目的分

① 肠道易吸收的磺胺药：主要用于全身感染，如败血症、尿路感染、伤寒、骨髓炎等，如磺胺嘧啶（SD）、磺胺二甲氧嘧啶（SDM）、磺胺甲基异噁唑（SMZ）、磺胺间甲氧嘧啶、磺胺二甲基嘧啶（SM_2）等。

② 肠道难吸收的磺胺药：能在肠道保持较高的药物浓度。主要用于肠道感染如细菌性痢疾、肠炎等，如酞磺胺噻唑（PST）、磺胺脒（SG）、琥珀酰磺胺噻唑（SST）等。

③ 外用磺胺药：主要用于灼伤感染、化脓性创面感染、眼科疾病等，如磺胺醋酰（SA）、磺胺嘧啶银盐（SD-Ag）、磺胺米隆（SML）。

（2）根据药物作用时间的长短分

① 短效类：在肠道吸收快，排泄快，半衰期为 5～6 小时，每天需服 4 次，如磺胺二甲基嘧啶、磺胺异噁唑（SIZ）。

② 中效类：半衰期为 10～24 小时，每天服药 2 次，如磺胺嘧啶、磺胺甲基异噁唑。

③ 长效类：半衰期为 24 小时以上，如磺胺甲氧嘧啶、磺胺二甲氧嘧啶等。

72 为什么提倡使用磺胺类药？

磺胺药虽然在抗生素问世后受到一定的限制，但由于磺胺药具有自己的优势与特点，目前仍然受到重视。磺胺药抗菌谱广，给药方便，口服后吸收迅速，血药浓度可达有效水平，且能广泛分布到全身各组织和体液中。新的长效、高效和速效而副作用低的磺胺药的出现，使磺胺药的抗菌能力增强，治疗范围也扩大，更重要的是磺胺药为化学合成药物，不像抗生素在培养过程中消耗粮食，而且性质稳定，易于保存，价格便宜，因此值得提倡使用。

对磺胺药高度敏感的病原菌有：链球菌、肺炎球菌、沙门氏菌、化脓棒状杆菌；次敏感菌有：葡萄球菌、变形杆菌、巴氏杆菌、大肠杆菌、产气荚膜梭菌、炭疽杆菌等。

有些磺胺类药对某些放线菌、衣原体和某些原虫如球虫、阿米巴原虫、弓形虫也有较好的抑制作用。

磺胺类药物对螺旋体、结核杆菌、立克次氏体、病毒等完全无效。

73 使用磺胺类药物应注意什么？

选用磺胺类药物时应注意以下几点：

（1）要严格掌握适应证，针对不同疾病选用不同的药物

① 全身性感染：选用肠道易吸收、抗菌作用强而副作用较少的磺胺药。以磺胺-6-甲氧嘧啶（SMM）、磺胺甲基异噁唑（SMZ）、磺胺-5-甲氧嘧啶（SMD）、磺胺嘧啶（SD）、磺胺二甲基嘧啶（SM_2）等较好，或与 TMP 同用，提高疗效，缩短疗程；对于病情严重病例或首次用药，也可选用磺胺嘧啶钠等磺胺药的钠盐作静脉注射。

② 肠道感染：以选用肠道难吸收药物，如磺胺脒（SG）或选用毒性更小、疗效更好的琥珀酰磺胺噻唑（SST）、酞磺胺噻唑（PST）、酞磺胺醋酰（PSA）和酞磺胺甲氧嗪（PAMP）等。

③ 泌尿道感染：如大肠杆菌、变形杆菌、葡萄球菌、链球菌

等所致和尿路感染，以选用抗菌作用强、从尿中排泄快、乙酰化率低、尿中药物浓度高的磺胺药，如磺胺异噁唑（SIZ）、磺胺二甲基嘧啶（SM_2）等较好，加用 TMP 则可提高疗效、克服或延缓耐药性的产生。

④ 局部创面感染：如链球菌、金黄色葡萄球菌、绿脓杆菌等所致的创伤、烧伤感染及脓肿、蜂窝织炎等，选用外用磺胺药如 SN、SD-Ag 等，SN 常用其结晶粉末，撒于新鲜创口，以发挥其防腐作用。SD-Ag 对绿脓杆菌的作用较强，且有收敛作用，可使创面干燥结痂，并且其所用的浓度较低，对创面无明显的刺激性。若有发热等全身症状时，则宜同时服用 SD、SM_2、SMM 等。

⑤ 原虫感染：如禽球虫病等，选择有抗原虫作用的磺胺药如 SM_2、SMM、SDM、SQ 等为宜。

⑥ 脑部细菌感染：宜首选 SD。

（2）用量要适当，疗程要做够　使用磺胺药剂量过小起不了治疗作用，反可促使细菌产生耐药性；疗程不足可致疾病复发。剂量过大不仅浪费药物，而且可引起副作用。通常首次应采用大剂量（突击量，一般是维持量的 2 倍量），使血液中浓度迅速达到有效水平。以后每隔一定时间给予维持剂量，待症状消失后，还应以维持量的 1/2～1/3 继续投药 2～3 天。

（3）其他注意事项

① 磺胺嘧啶钠等注射液碱性很强（pH 8.5～10.5），遇到维生素 B_1、复方奎宁、碳酸氢钠等药物的注射液时能发生沉淀，因此不能混合应用。

② 磺胺药不宜与普鲁卡因同时应用，因为普鲁卡因在体内可分解出对氨基苯甲酸，影响磺胺药的疗效。

③ 肉食、杂食兽尿液多呈酸性，应用磺胺药时最好同时服用等量碳酸氢钠以碱化尿液，提高乙酰化磺胺药的溶解度，防止发生尿酸盐沉积。

④ 细菌对磺胺药易产生耐药性。细菌一旦对一种磺胺药产生耐药性，对其他各种磺胺药也耐药，因此，细菌对一种磺胺药耐药

后，换用另一种磺胺药也往往无效。

74 磺胺类药物的不良反应有哪些？

磺胺类药物的不良反应一般不太严重，主要表现为急性和慢性中毒两种。

(1) **急性中毒** 多见于磺胺钠盐静脉注射时速度过快或剂量过大，内服剂量过大时也会发生。主要表现为神经兴奋、共济失调、肌无力、呕吐、昏迷、厌食和腹泻等症状。

(2) **慢性中毒** 多因剂量偏大、用药时间过长而引起。主要症状为：

① 泌尿系统反应：磺胺药对肾脏有一定损伤，长期用药会出现血尿、蛋白尿、结晶尿等，故肾功能不全、少尿及休克病畜、禽应慎用。在服药时应多饮水。

② 血液系统反应：可引起粒细胞减少、血小板减少、溶血性贫血、凝血障碍等，故用药期间应查血常规。

③ 过敏反应：可在用药后出现红斑性药疹、药热。

④ 消化系统障碍：食欲不振，呕吐、腹泻、肠炎。

⑤ 家禽：雏禽免疫系统抑制，免疫器官出血及萎缩；影响蛋禽产蛋，产蛋率下降，蛋破损率和软壳率增高。

75 磺胺嘧啶钠等注射液为什么不能和青霉素钠（或钾）盐混合应用？

青霉素钠（或钾）在 pH 6.5 左右最稳定，水溶液偏酸、偏碱均不稳定。而磺胺嘧啶钠注射液碱性很强，pH 为 8.5～10.5，若与青霉素钠（或钾）盐混合，则大大降低青霉素 G 的稳定性，还会引起 β-内酰胺环的破裂，从而使青霉素 G 丧失抗菌作用。有鉴于此，用磺胺嘧啶钠等注射液作溶媒稀释青霉素钠（或钾）盐的联合应用的方法是不可取的。

76 磺胺嘧啶如何使用？

[**作用与用途**] 磺胺嘧啶内服吸收迅速，有效血药浓度维持时

间较长，血清蛋白结合率较低，可通过血脑屏障进入脑脊液，是治疗脑部细菌感染的首选药物。常与抗菌增效剂（TMP）配伍。对溶血性链球菌、肺炎双球菌、沙门氏菌、大肠杆菌等作用较强，对葡萄球菌作用稍差。主要用于各种动物敏感菌引起的全身感染，亦常用于治疗弓形虫病。

［用法与用量］

（1）内服　一次量，每千克体重，家畜首次量 0.14～0.2 克、维持量 0.07～0.1 克，每天 2 次，连用 3～5 天。

（2）混饮　每升水，0.5～1.0 克。

（3）混饲　每千克饲料 1.0～2.0 克。

77 磺胺二甲基嘧啶的抗菌作用特点是什么？如何应用？

［作用与用途］本品抗菌作用及疗效较磺胺嘧啶稍弱，但本品及其乙酰化物均易溶于水，不易引起结晶尿和血尿，因此不良反应较少，而且本品对球虫有抑制作用，成本较低，在家禽业中比较常用。用于敏感菌感染及球虫病，不易引起结晶尿、血尿、蛋白尿。

［用法与用量］

（1）家畜　内服，一次量，每千克体重，首次量为 0.14～0.2 克，维持量为 0.07～0.1 克，每天 2 次，连用 3～5 天。

（2）家禽　混饮，每升水 0.5～1.0 克；混饲，每千克饲料 1.0～2.0 克；内服给药，每千克体重 200 毫克；肌内注射，每千克体重 100 毫克，每天 2 次，连用 3～5 天。

78 磺胺间甲氧嘧啶如何使用？

［作用与用途］磺胺间甲氧嘧啶是体内外抗菌作用最强的磺胺药，对球虫、弓形虫、住白细胞原虫等也有显著作用。内服吸收良好，血中浓度高，维持作用时间近 24 小时。乙酰化率低，乙酰化物溶解度大，不易引起结晶尿和血尿，与 TMP 合用疗效增强。

主要用于各种敏感菌引起的呼吸道、消化道、泌尿道感染及球虫病、猪弓形虫病、猪水肿病、鸡住白细胞原虫病、猪萎缩性鼻炎。其钠盐局部灌注可治疗乳腺炎和子宫内膜炎。

[用法与用量]

(1) 内服　一次量，家畜每千克体重首次量为 50～100 毫克，维持量为 25～50 毫克，连用 3～5 天。

(2) 混饮　每升水 0.25～0.5 克。

(3) 混饲　每千克饲料 0.5～1.0 克。

(4) 肌内注射　每千克体重 100 毫克，每天 2 次，连用 3～5 天。

79 磺胺甲基异噁唑的抗菌作用特点是什么？如何应用？

[作用与用途] 磺胺甲基异噁唑（SMZ）又称磺胺甲噁唑、新诺明、新明磺。抗菌力强，与 TMP 同用，疗效可提高数倍至数十倍。缺点为乙酰化率高，且乙酰化物的溶解度低，易析出结晶，故宜与碳酸氢钠同服。通常用于呼吸道和泌尿道感染。

[用法与用量]

(1) 内服　一次量，每千克体重，家畜首次量 50～100 毫克，维持量 25～50 毫克，连用 3～5 天。

(2) 混饲　家禽每吨饲料 1 000～2 000 克。

(3) 混饮　家禽每升水 600～1 200 毫克。

80 磺胺异噁唑的抗菌作用特点是什么？如何应用？

[作用与用途] 磺胺异噁唑（SIZ）又称磺胺二甲异噁唑、菌得清、净尿磺，抗菌作用较 SD 强，对葡萄球菌和大肠杆菌的作用较为突出。吸收快，排泄快，不易维持血中有效浓度，需频繁给药。本品乙酰化率低，尿中不易析出结晶，故为治疗尿路感染的较好药物。亦可用于其他全身性细菌感染。

[用法与用量] 混饲，家禽，每吨饲料 1 000～2 000 克；混饮，家禽，每升水 1 000 毫克。

81 喹诺酮类药物有哪些特点？如何合理使用？

（1）喹诺酮类药物的特点

① 广谱杀菌性抗菌药，对革兰氏阳性菌、阴性菌、绿脓杆菌、支原体、衣原体均敏感。

② 杀菌力强。

③ 吸收快，内服及肌内注射吸收迅速和较完全，分布广泛。

④ 抗菌作用独特，与其他药物无交叉耐药性。

⑤ 使用方便，不良反应小。对家禽消化道、呼吸道、泌尿生殖道、皮肤软组织感染及支原体感染均有良效，广泛用于防治家禽沙门氏菌、大肠杆菌、巴氏杆菌、葡萄球菌、链球菌及各种支原体所引起的感染。该类药物在美国、日本禁止用于食品动物。

（2）合理使用

① 掌握药物的适应证。本类药物主要适用于支原体病及敏感菌引起的呼吸道、消化道、泌尿生殖道感染及败血症等，尤其适用于细菌与细菌或细菌与支原体混合感染，亦可用于控制病毒性疾病的继发细菌感染。除支原体及大肠杆菌所引起的感染外，一般不宜作其他单一病原菌感染的首选药物，更不宜将本类药视为万能药物，不论何种细菌性疾病都使用。

② 注意本类药物的药物动力学性质。本类药物体外抗菌作用以环丙沙星、恩诺沙星、麻波沙星、达诺沙星最强，沙拉沙星次之。从动力学性质方面看，达诺沙星给药后在肺部浓度很高，特别适合于呼吸道感染；沙拉沙星内服后在肠内浓度较高，较适合肠道细菌感染。

③ 用于治疗为主，不宜用作预防药。本类药物为杀菌药物，主要用于治疗，在集约化养殖业中，除用于雏鸡以消除由胚胎垂直传播的支原体及沙门氏菌外，一般不宜用做其他细菌病的预防用药。

④ 采用合适的剂量。本类药物安全范围广，使用治疗量的数倍药量一般无明显的毒副作用，但近年来本类药物的用药量有不断

加大的趋势，由于其杀菌作用与剂量间呈双相变化关系，即在 1/4 MIC（最小抑菌浓度）至 MBC（最小杀菌浓度）范围内，抗菌作用随药物浓度的增加而迅速加强，以后逐渐趋于恒稳值，而在大于 MBC 后杀菌作用逐渐减弱，故临床上不宜过大剂量使用。

⑤ 防止细菌耐药。细菌对本类药物一般不易产生耐药性，但由于广泛应用，近年已有耐药性的报道，且耐药株有逐年增加的趋势，因此，临床上仍应根据药敏试验合理选用，不可滥用。

⑥ 注意配伍禁忌。利福平可使本类药物的作用减弱，不宜配伍使用。镁、铝等盐类在肠道可与本类药物结合而影响吸收，从而降低血药浓度，亦应避免合用。

82 恩诺沙星有何作用？如何使用？注意事项有哪些？

[作用与用途] 为兽医专用的第三代氟喹诺酮类药物，有广谱杀菌作用，对静止期和生长期的细菌均有效。其杀菌活性依赖于浓度，敏感菌接触本品后在 20～30 分钟内死亡。

本品对多种革兰氏阴性杆菌和球菌有良好抗菌作用，包括绿脓杆菌、克雷伯氏菌、大肠杆菌、肠杆菌属、弯曲杆菌属、志贺氏菌属、沙门氏菌属、气单胞菌属、嗜血杆菌属、弧菌属、变形杆菌属等，对布鲁氏菌属、巴氏杆菌属、丹毒丝菌、博德特氏菌、葡萄球菌（包括产青霉素酶和甲氧西林耐药菌株）、支原体和衣原体也有效。但对大多数链球菌的作用有差异，对大多数厌氧菌作用微弱。

恩诺沙星广泛用于畜禽。可防治以下疾病：

（1）牛、犊的大肠杆菌病，溶血性巴氏杆菌病，牛支原体引起的呼吸道感染，犊牛沙门氏菌感染，乳腺炎等。

（2）猪的链球菌病、溶血性大肠杆菌肠毒血病（水肿病）、沙门氏菌病、支原体肺炎、胸膜肺炎、乳腺炎—子宫炎—无乳综合征及仔猪白痢和黄痢等。

（3）犬、猫的细菌或支原体引起的呼吸、消化、泌尿生殖等系统及皮肤的感染。对外耳炎、子宫蓄脓、脓皮病等配合局部处理也有效。

（4）禽的沙门氏菌、大肠杆菌、巴氏杆菌、嗜血杆菌、葡萄球菌、链球菌及各种支原体所引起的感染。

［用法与用量］

（1）内服 一次量，每千克体重，犊、羔、仔猪、犬、猫2.5～5毫克，禽5～7.5毫克，每天2次，连用3～5天。

（2）混饮 每升水，禽50～75毫克，连用3～5天。

（3）肌内注射 一次量，每千克体重，牛、羊、猪2.5毫克，犬、猫、兔、禽2.5～5毫克，每天1～2次，连用2～3天。

［注意事项］

（1）本品与氨基糖苷类、第三代头孢菌素类和广谱青霉素对某些细菌（特别是绿脓杆菌或肠杆菌科细菌）可能呈协同作用。

（2）体外试验本品与克林霉素合用对厌氧菌（消化链球菌属、乳酸杆菌属和脆弱拟杆菌）有增强抗菌的作用。

（3）呋喃妥因可颉颃氟喹诺酮类的抗菌活性。

（4）本品禁用于8周龄以下幼犬，也慎用于繁殖用幼龄种畜及马驹。

（5）孕畜及哺乳母畜禁用。

（6）肉食动物及肾功能不全动物慎用。对有严重肾病和肝病的动物需调节用量以免体内药物蓄积。

（7）犊牛、仔猪、鸡内服休药期8天。牛注射休药期14天，产奶期禁用。猪休药期10天。

83 盐酸环丙沙星有何作用？如何使用？注意事项有哪些？

［作用与用途］环丙沙星的抗菌谱广，杀菌力强，作用迅速，对革兰氏阴性菌和阳性菌有明显的抗菌效应，其抗菌谱与恩诺沙星相似，对革兰氏阳性菌、支原体的活性很高；对葡萄球菌、分枝杆菌、衣原体具中度活性；对D组链球菌、肠球菌和厌氧菌的活性低或耐药。许多细菌对环丙沙星可产生耐药性，且已发现天然耐药菌株。

本品对多种革兰氏阴性杆菌和球菌有良好抗菌作用，包括绿脓杆菌、克雷伯氏菌、大肠杆菌、肠杆菌属、弯曲杆菌属、志贺氏菌属、沙门氏菌属、气单胞菌属、嗜血杆菌属、弧菌属、变形杆菌属等，对布鲁氏菌属、巴氏杆菌属、丹毒丝菌、博德特氏菌、葡萄球菌（包括产青霉素酶和甲氧西林耐药菌株）、支原体和衣原体也有效。但对大多数链球菌的作用有差异，对大多数厌氧菌作用微弱。

可防治以下疾病：

（1）牛、犊的大肠杆菌病，溶血性巴氏杆菌病，牛支原体引起的呼吸道感染，犊牛沙门氏菌感染，乳腺炎等。

（2）猪的链球菌病、溶血性大肠杆菌肠毒血病（水肿病）、沙门氏菌病、支原体肺炎、胸膜肺炎、乳腺炎—子宫炎—无乳综合征及仔猪白痢和黄痢等。

（3）禽的沙门氏菌、大肠杆菌、巴氏杆菌、嗜血杆菌、葡萄球菌、链球菌及各种支原体所引起的感染。

[用法与用量]

（1）内服 一次量，每千克体重，禽5～7.5毫克，每天2次。

（2）混饮 每升水，禽15～25毫克（以环丙沙星计），连用3～5天。

（3）静脉、肌内注射 一次量，每千克体重，牛、羊、猪2.5毫克，家禽5毫克，每天2次，连用3天。

[注意事项] 同恩诺沙星。

第三章

抗 寄 生 虫 药

84 抗寄生虫药的应用方法有哪些？

抗寄生虫药的应用方法主要有以下几种：

（1）混合驱虫法　根据动物寄生虫病常有混合感染的特点，常采用两种或两种以上的药物联合应用，既起到了协同作用，扩大了驱虫范围，提高了治疗效果，又不增加毒性，并可减少驱虫次数，节省时间，节省人力，从而可以提高防治动物寄生虫病的工作效率。

（2）个体驱虫法　在饲养畜禽不多的情况下发生寄生虫病时，可采用个体口服或注射给药，其优点是用药量准确，缺点是工序麻烦，工效不高，不适于大规模驱虫，仅可供农家饲养少数畜禽时使用。

（3）成群驱虫法　随着畜牧业的发展，大型饲养场以及工厂化养殖场的建立，为了节省人工，有必要采用混饮法、混饲法、气雾法、熏蒸法和药浴法等成群驱虫或杀虫。这些方法通过试用证明均为安全有效，其特点是用法简便，费用低廉，并可节省劳动力，有重要的实践意义。

85 应用抗寄生虫药时，应当注意哪些问题？

应用抗寄生虫药时，应当注意以下问题：

（1）因地制宜，合理选用抗寄生虫药　合理选用抗寄生虫药是综合防治寄生虫病的重要措施之一，在选择药物时不仅要了解寄生虫种类、寄生部位、严重程度、流行病学资料等，更应了解动物品种、性别、年龄、体质、病理过程、饲养管理条件等对药物作用反应的差异，从而才能结合本地、本场的具体情况，选用理想的抗寄生虫药，以获得最佳防治效果。

(2) 结合实际，选择适用剂型和给药途径 为了提高抗虫效果，减轻毒性和给药方便，使用抗寄生虫药应根据具体情况，选用适合的剂型和给药途径。

通常驱除消化道寄生虫宜选用内服剂型，消化道外的寄生虫可选择注射剂。而体外寄生虫以外用剂型为妥。为了投药方便，大群畜禽可选择预混剂混饲或饮水给药法，杀灭体外寄生虫目前多选药浴、浇泼和喷雾给药。

(3) 防患于未然，避免药物中毒事故 一般来说，目前除聚醚类抗生素驱虫药对动物安全范围较窄外，大多数抗寄生虫药在规定剂量范围内，对动物都较安全，即使出现一些不良反应，亦都能耐过，但用药不当，如剂量过大，疗程太长、用法不妥时亦会引起严重的不良反应，甚至中毒死亡。因此，对本地、本场未使用过的较新型的抗寄生虫药，为防意外，在大规模使用前，应先选择畜禽群中少数具有代表性的动物（即按不同年龄、性别、体况选择）进行预试，取得经验后，再进行全群驱虫，以防不测。

(4) 密切注意，防止产生耐药虫株 随着抗寄生虫药的广泛应用，世界各地均已发现耐药虫株，这是使用抗寄生虫药值得注意的重大问题。耐药虫株一旦出现，不仅对某种药物具有耐受性，使驱虫效果降低或丧失，甚至还会出现交叉耐药现象，给寄生虫防治带来极大困难。现已证实，产生耐药虫株多与小剂量（低浓度）长期和反复使用有关。因此，在制定驱虫计划时，应定期更换或交替使用不同类型的抗寄生虫药，以减少耐药虫株的出现。

(5) 注重环境保护，保证人体健康 通常抗寄生虫药对人体都存在一定的危害性，因此，在使用药物时，应尽量避免药物与人体直接接触，采取必要防护措施，避免因使用药物而引起对人体的刺激、过敏，甚至中毒死亡等事故发生。

某些药物还会污染环境，因此，接触这些药物的容器、用具、必须妥善处理，以免造成环境污染，遗留后患。

防治畜禽寄生虫病必须制定切实可行的综合性防治措施，使用抗寄生虫药仅是综合防治措施中一个重要环节而已。因此，对寄生虫病应贯彻"预防为主"方针，如加强饲养管理，消除各种致病因素，搞好圈舍卫生和环境卫生，消灭寄生虫的传染媒介和中间宿主。

86 越霉素 A 的用途是什么？

［作用与用途］越霉素 A 是一种由链霉菌发酵产生的氨基糖苷类抗生素，除越霉素 A 外，还含有少量越霉素 B，为黄色或黄褐色粉末。

越霉素 A 主要用于驱除猪、禽蛔虫，有抑制产卵与驱除成虫等作用。此外，对革兰氏阳性菌、阴性菌，特别是对植物的病原性霉菌，具有较强的抗菌作用。本品属于氨基苷类抗生素，内服后极少吸收，因此，体内各组织中均无药物分布。目前多以本品制成预混剂，长期连续饲喂做预防性给药。

由于越霉素 A 预混剂的规格众多，用时应以越霉素 A 效价作计量单位。

［用法与用量］混饲，每吨饲料，猪、禽 5～10 克，连续饲喂8～10 周。休药期：猪 5 天、禽 3 天，产蛋期禁用。

87 潮霉素 B 的用途是什么？

潮霉素 B 具有一定的驱虫活性，在猪禽饲料中长期添加，具有良好的驱线虫效果。

［作用与用途］

（1）猪　潮霉素 B 长期饲喂能有效地控制猪蛔虫、食道口线虫和毛首线虫感染，这是因为本品不仅对成虫、幼虫有效，而且还能抑制雌虫产卵，从而使虫体丧失繁殖能力。因此，妊娠母猪全价饲料中添加潮霉素 B，能保护仔猪在哺乳期间不受蛔虫感染。潮霉素 B 推荐用于产前 6 周和哺乳期母猪；不足 6 月龄仔猪（对蛔虫最易感）。

（2）禽 潮霉素 B 对鸡蛔虫、鸡异刺线虫和禽封闭毛细线虫均有良好的控制效应。

[注意事项]

（1）在用药期间，禁止应用具有耳毒性作用的药物，如氨基糖苷类、红霉素等抗菌药。

（2）本品毒性虽较低，但长期应用能使猪听觉、视觉障碍，因此，供繁殖育种的青年母猪不能应用本品。母猪及肉猪连用也不能超过 8 周。

（3）禽的饲料用药浓度以每千克饲料不超过 12 毫克为宜。

（4）本品多以预混剂剂型上市，用时应以潮霉素 B 效价作计量单位。

（5）休药期：猪 15 天，禽 3 天。

[用法与用量] 混饲，每吨饲料，猪 10～13 克，禽 8～12 克。

88 伊维菌素的用途是什么？

[作用与用途] 本品对线虫和节肢动物均有良好驱杀作用。但对绦虫、吸虫及原生动物无效。

伊维菌素广泛用于牛、羊、马、猪的胃肠道线虫、肺线虫和寄生节肢动物，犬的肠道线虫、耳螨、疥螨、心丝虫和微丝蚴，以及家禽胃肠道线虫和体外寄生虫。

（1）牛、羊 伊维菌素按每千克体重 0.2 毫克给牛、羊内服或皮下注射，对血矛线虫、奥斯特线虫、古柏线虫、毛圆线虫、圆形线虫、仰口线虫、细颈线虫、毛首线虫、食道口线虫、网尾线虫以及绵羊夏伯特线虫成虫及第 4 期幼虫的驱虫率达 97%～100%。上述剂量对节肢动物也有效，如蝇蛆（牛皮蝇、纹皮蝇、羊狂蝇）、螨（牛疥螨、羊痒螨）和虱（牛腭虱、牛血虱和绵羊腭虱）等。伊维菌素对嚼虱（毛虱属）和绵羊羊蜱蝇疗效稍差。

伊维菌素对蜱以及粪便中繁殖的蝇也极有效，药物虽不能立即使蜱死亡或肢解，但能影响摄食、蜕皮和产卵，从而降低生殖能力。按每千克体重0.2毫克一次给动物皮下注射或每天喂低浓度（每千克体重0.01毫克）药物后5天时，蜱出现上述现象最为明显。按每千克体重0.2毫克剂量一次皮下注射，对在粪便中繁殖的蝇也有一定控制作用。牛用药9天后，其粪便中面蝇、秋家蝇幼虫不能发育成成虫，再过5天，由于蛹的畸形和成虫成熟过程受阻而使蝇的繁殖大为减少。对血蝇用上述剂量，4周后情况相似。

（2）马　内服每千克体重0.2毫克，对大型和小型圆形线虫的成虫及第4期幼虫均有高效（95％～100％）。特别有重要意义的是，伊维菌素推荐剂量（每千克体重0.2毫克）对普通圆形线虫早期和4期幼虫移行期造成的肠系膜动脉损害治疗的有效率约为99％，通常用药2天后，症状明显减轻，约28天，损害症状全部消失。

（3）猪　按每千克体重0.3毫克肌内注射。伊维菌素对猪具广谱驱虫活性，如对猪蛔虫、红色猪圆线虫、兰氏类圆线虫、猪毛首线虫、食道口线虫、后圆线虫、有齿冠尾线虫成虫及未成熟虫体的驱除率达94％～100％，对肠道内旋毛虫（肌肉内无效）也极有效。上述用药法对猪血虱和猪疥螨也有良好控制作用。

（4）禽　对家禽线虫如鸡蛔虫和封闭毛细线虫以及家禽寄生的节肢动物，如膝螨（突变膝螨）等，按每千克体重200～300微克内服或皮下注射均有效，但本品对鸡异刺线虫无效。

（5）驯鹿　对驯鹿的牛皮蝇蛆感染，按每千克体重200微克皮下注射即可。

［用法与用量］

（1）伊维菌素　内服，家畜一次量，每千克体重0.2～0.3毫克。

（2）伊维菌素注射液　皮下注射，一次量，每千克体重，牛、羊0.2毫克，猪0.3毫克。

（3）伊维菌素浇泼剂　背部浇泼，每千克体重，牛、羊、猪0.5毫克。

[注意事项]

（1）伊维菌素虽较安全，除能内服外，仅限于皮下注射，因肌内、静脉注射易引起中毒反应。每个皮下注射点亦不宜超过10毫升。

（2）含甘油缩甲醛和丙二醇的国产伊维菌素注射剂仅适用于牛、羊、猪和驯鹿，用于其他动物，特别是犬和马时易引起严重局部反应。

（3）伊维菌素对线虫，尤其是节肢动物产生的驱除作用缓慢，有些虫种，要数天甚至数周才能出现明显药效。

（4）阴雨、潮湿及严寒天气均影响0.5%伊维菌素浇泼剂的药效；牛皮肤损害时（蜱、疥螨）能使毒性增强。

（5）伊维菌素注射剂的休药期，牛、羊35天，产奶期禁用；猪28天；驯鹿56天。预混剂休药期，猪5天。

89 阿维菌素的用途是什么？

[作用与用途] 阿维菌素的驱虫机理、驱虫谱以及药动力学情况与伊维菌素相同，其驱虫活性与伊维菌素大致相似，但本品性质较不稳定，特别对光线敏感，贮存不当时易灭活减效。

阿维菌素对动物的驱虫谱与伊维菌素相似。

由于阿维菌素大部分由粪便排泄，能阻止某些在厩粪中繁殖的双翅类昆虫幼虫的发育，因此，本类药物是牧场中最有效的厩粪灭蝇剂。一次皮下注射每千克体重200微克，粪便中残留阿维菌素对牛粪中金龟子成虫虽很少影响，但直至用药后21天（有些虫体为28天）粪便中幼虫仍不能正常发育。

[用法与用量]

（1）阿维菌素　内服，一次量，每千克体重，羊、猪0.3毫克。

（2）阿维菌素注射液　皮下注射，一次量，每千克体重，牛、羊0.2毫克，猪0.3毫克。

（3）阿维菌素浇泼剂　背部浇泼，一次量，每千克体重，牛、猪0.5毫克（按有效成分计）。

（4）耳根部涂敷 一次量，每千克体重，犬、兔0.5毫克（按有效成分计）。

[注意事项] 阿维菌素的毒性比伊维菌素稍强。其性质不太稳定，特别是对光线敏感，迅速氧化灭活，因此，阿维菌素的各种剂型，更应注意贮存、使用条件。阿维菌素的其他注意事项可参照伊维菌素内容。

90 阿苯达唑的用途是什么？

[作用与用途] 阿苯达唑是我国兽医临床使用最广泛的苯并咪唑类驱虫药，它不仅对多种线虫有高效，而且对某些吸虫及绦虫也有较强驱除效应。主要用途有：

（1）牛 阿苯达唑对牛大多数胃肠道寄生虫成虫及幼虫均有良好驱除效果，通常低剂量对艾氏毛圆线虫、蛇形毛圆线虫、肿孔古柏线虫、牛仰口线虫、奥氏奥斯特线虫、乳突类圆线虫、捻转血矛线虫成虫即有极佳驱除效果。高限剂量不仅几乎能驱净上述多数虫种幼虫，而且对辐射食道口线虫、细颈线虫、网尾线虫、莫尼茨绦虫、肝片吸虫、巨片吸虫成虫也有极好效果。本品通常对真胃、小肠内未成熟虫体有良效，但对盲肠和大肠内未成熟虫体及肝片吸虫童虫效果极差。

阿苯达唑对牛毛首线虫、指状腹腔丝虫、前后盘吸虫、胰阔盘吸虫和野牛平腹吸虫效果极差或基本无效。

（2）羊 低剂量对血矛线虫、奥斯特线虫、毛圆线虫、细颈线虫、盖吉尔线虫、食道口线虫、夏伯特线虫、马歇尔线虫、古柏线虫成虫以及大多数虫种幼虫（马歇尔线虫、古柏线虫幼虫除外）均有良好效果。高剂量对放射体绦虫、肝片吸虫、大片形吸虫、毛形双腔吸虫成虫有明显驱除效果。阿苯达唑对羊肝片吸虫未成熟幼虫效果极差。

（3）猪 低剂量对猪蛔虫、有齿食道口线虫、六翼泡首线虫具极佳驱除效果，应用高剂量虽对猪矛首线虫、刚刺颚口线虫有效，但对猪后圆线虫效果仍不理想。有试验证明，每千克饲料30～40毫克混饲，连用5天，亦能彻底治愈猪后圆线虫和猪毛首线虫病。

阿苯达唑对蛭状巨吻棘头虫效果不稳定；对布氏姜片吸虫、克氏裸头绦虫、细颈囊尾蚴无效。

（4）禽　应用推荐剂量，仅能对鸡四角赖利绦虫成虫有效。对鸡蛔虫成虫驱虫率在90％左右。对鸡异刺线虫、毛细线虫、钩状唇旋线虫成虫效果极差。

阿苯达唑应用每千克体重25毫克剂量对鹅剑带绦虫、棘口吸虫的疗效达100％，高至每千克体重50毫克量始对鹅裂口线虫有高效。

（5）兔　对人工感染豆状囊尾蚴的家兔，每千克体重15毫克，连用5天，能治愈疾病。

（6）马　对马的大型圆线虫如普通圆形线虫、无齿圆形线虫、马圆形线虫以及马大多数小型线虫成虫及幼虫均有高效。但阿苯达唑对马裸头属绦虫无效。

［用法与用量］内服，一次量，每千克体重，马5～10毫克，牛、羊10～15毫克，猪5～10毫克，禽10～20毫克。

［注意事项］

（1）阿苯达唑是苯并咪唑类驱虫药中毒性较大的一种，应用治疗量虽不会引起中毒反应，但连续超剂量给药，有时会引起严重反应。加之，我国应用的剂量比欧美推荐量（每千克体重5～7.5毫克）高，选用时更应慎重。某些畜种，如马、兔、猫等对该药又较敏感，故应选用其他驱虫药为宜。

（2）连续长期使用，能使蠕虫产生耐药性，并且有可能产生交叉耐药性。

（3）由于动物试验证明阿苯达唑具胚胎毒及致畸影响，因此，牛、羊妊娠45天内，猪在妊娠30天内均禁用本品，其他动物在妊娠期内，亦不宜应用本品。

（4）休药期，牛14天，羊4天，猪7天，禽4天；产奶期禁用。

91 芬苯达唑的用途是什么？

芬苯达唑为广谱、高效、低毒的新型苯并咪唑类驱虫药。它不仅对动物胃肠道线虫成虫、幼虫有高度驱虫活性，而且对网尾线虫、矛形双腔吸虫、片形吸虫和绦虫亦有较佳效果。芬苯达唑在国外，不仅用于各种动物，甚至还有野生动物的专用制剂。

[作用与用途]

（1）羊　对羊血矛线虫、奥斯特线虫、毛圆线虫、古柏线虫、细颈线虫、仰口线虫、夏伯特线虫、食道口线虫、毛首线虫及网尾线虫成虫及幼虫均有极佳驱虫效果。此外还能抑制多数胃肠线虫的产卵。应用高限剂量对羊扩展莫尼茨绦虫、贝氏莫尼氏绦虫亦有良效。但对吸虫必须连续应用大剂量才能有效，如每千克体重20毫克量连用5天，每千克体重15毫克量连用6天，才能将矛形双腔吸虫和肝片吸虫驱净。

（2）牛　对牛的驱虫谱大致与绵羊相似。如对血矛线虫、奥斯特线虫、毛圆线虫、仰口线虫、古柏线虫、细颈线虫、食道口线虫、胎生网尾线虫成虫及幼虫均有高效。但对肝片吸虫和前后盘吸虫童虫则需要应用每千克体重7.5～10毫克剂量，连用6天，才能有效。芬苯达唑对线虫还有抑制产卵的作用。一次用药，推荐剂量为每千克体重7.5毫克。22～36小时后粪便中即无虫卵排出。芬苯达唑可用每千克体重10毫克的剂量驱除肉牛的贝氏莫尼茨绦虫和在体内发育停滞的奥氏奥斯特线虫第四期幼虫，该剂量不能用于乳牛。每千克体重10毫克也能有效防治犊牛的贾第虫感染。

（3）马　对马副蛔虫、马尖尾线虫成虫及幼虫，胎生普氏线虫、普通圆形线虫、无齿圆形线虫、马圆形线虫、小型圆形线虫均有高效。但对柔线虫属、裸头属绦虫、韦氏类圆线虫以及转移于肠系膜中普通圆形线虫幼虫无效。

（4）猪　虽然有人认为芬苯达唑一次给药，对红色猪圆线虫、蛔虫、食道口线虫成虫及幼虫有效，但目前美国推荐用连续给药法，以增强驱虫效果。如对猪毛首线虫，一次应用每千克体重15

毫克，疗效仅为65%，而按每千克体重3毫克连用6天，驱虫效果超过99%。每千克体重3毫克剂量混饲，连用3天，对猪蛔虫、食道口线虫、红色猪圆线虫、后圆线虫，甚至对有齿冠尾线虫（猪肾虫）的驱除率几乎达100%，目前在国外得到广泛应用。

（5）禽　对家禽胃肠道和呼吸道线虫有良效。按每千克体重每天8毫克，连用6天，对鸡蛔虫、毛细线虫和绦虫有高效。对火鸡蛔虫一次有效剂量为每千克体重350毫克，但若以每千克饲料45毫克连用6天，则全部驱净火鸡蛔虫、异刺线虫和封闭毛细线虫。对雉鸡、鹧鸪、松鸡、鹅、鸭的最佳驱虫方案是每千克饲料60毫克浓度连用6天。自然感染封闭毛细线虫和鸽蛔虫的家鸽，以每千克饲料100毫克混饲，连用3～4天，有效率几乎近100%。

（6）杀灭虫卵　芬苯达唑对反刍兽毛圆科线虫、猪圆线虫、鸡蛔虫以及人和犬的钩虫、鞭虫的虫卵均有杀灭作用。

［用法与用量］内服，一次量，每千克体重，马、牛、羊、猪5～7.5毫克，禽10～50毫克。

［注意事项］

（1）苯并咪唑类虽然毒性较低，且能与其他驱虫药并用，但芬苯达唑例外，与杀片形吸虫药——溴胺杀并用时可引起绵羊死亡、牛流产。

（2）马属动物应用芬苯达唑时不能与敌百虫并用，否则毒性大为增强。

（3）长期应用可引起耐药虫株。

（4）本品在瘤胃内给药时（包括内服给药）比真胃给药法驱虫效果好，甚至还能增强对耐药虫株的驱除效果，可能与其吸收率低，延长药物在宿主体内的有效驱虫时间有关。

（5）本品连续应用低剂量，其驱虫效果优于一次给药，建议在条件允许情况下，可以进一步试验证实而推广。

（6）休药期，芬苯达唑片：牛、羊21天，猪3天，弃奶期7天；芬苯达唑粉：牛、羊14天，猪3天，弃奶期5天。

（7）该药不能用于肉用犊牛。

92 左旋咪唑有何用途？如何应用？

[作用与用途]

（1）牛、羊　左旋咪唑对反刍兽寄生线虫成虫高效的虫体有：皱胃寄生虫（血矛线虫、奥斯特线虫），小肠寄生虫（古柏线虫、毛圆线虫、仰口线虫），大肠寄生虫（食道口线虫）和肺寄生虫（网尾线虫）。一次内服或注射对上述虫体成虫驱除率均超过96％。除艾氏毛圆线虫外，其疗效均超过噻苯达唑，对毛首线虫作用不稳定。但对古柏线虫以及肺丝虫未成熟虫体几乎能全部驱净。对奥斯特线虫、血矛线虫未成熟虫体亦有87％以上驱除效果。

对牛眼虫（吸吮线虫）除内服或皮下注射外，还可以1％溶液2毫升直接注射于结膜囊内而治愈。

（2）猪　不同的给药方法（饮水、混饲、灌服或皮下注射），其驱虫效果大致相同，治疗量（每千克体重8毫克）对猪蛔虫、兰氏类圆线虫、后圆线虫的驱除率接近99％。对食道口线虫（72％～99％），猪肾虫（有齿冠尾线虫）颇为有效。此外，有资料证明，左旋咪唑对红色猪圆线虫也有高效。对猪鞭虫病，注射（95％）比混饲（40％）给药效果好。

左旋咪唑能驱除某些猪线虫的幼虫，如对后圆线虫第3期、第4期未成熟虫体，以及奥斯特线虫、猪蛔虫未成熟虫体，也有90％以上驱除效果，但对后两种虫体的第3期未成熟虫体，疗效低于65％。

（3）禽　按每千克体重每天36毫克或48毫克，给雏鸡饮水给药，对鸡蛔虫、鸡异刺线虫、封闭毛细线虫成虫驱除率在95％以上。对未成熟虫体及幼虫的驱除率亦佳，上述用法适口性好，亦未发生中毒症状。饮水给药对鸡眼虫（孟氏尖旋尾线虫）也很有效。如果用10％左旋咪唑溶液直接滴入鸡眼内无刺激性，且1小时内能杀灭所有虫体。

对火鸡气管比翼线虫颇为有效，饮用药液后，约16小时即排除火鸡口腔内所有虫体，但必须按每千克体重每天3.6毫克，连续饮用3天。

鹅裂口线虫病，应用（每千克体重70毫克）左旋咪唑内服，也有良效。

患鸽蛔虫的肉鸽，按每千克体重40毫克，内服2次（间隔24小时），虫卵转阴率92％左右。

（4）马　左旋咪唑对马寄生虫的驱除效果同其他动物一样，对马副蛔虫和蛲虫成虫特别有效。如按每千克体重7.5～15毫克（灌服或混饲）或皮下注射每千克体重5～10毫克能驱净马副蛔虫。对马肺丝虫（网尾线虫）需按每千克体重5毫克，间隔3～4周，2次肌内注射，驱除率达94％。

左旋咪唑即使剂量提高到每千克体重40毫克以上，对多种大型或小型圆形线虫的效果仍然很差（17％～85％）。每千克体重20毫克以上剂量就能引起马匹不良反应和死亡。

（5）野生动物　由于野生动物不可能用剖检法进行鉴定试验，通常只能根据粪便中虫卵数来决定有效率，因此，不能反映宿主的真正荷虫量变化。

瘤牛内服或皮下注射，每千克体重2.5毫克，对其主要寄生虫（血矛线虫、仰口线虫、古柏线虫等）的驱虫率为90％～100％。患胃肠寄生虫病的象按每千克体重2.5毫克用药，亦能明显改善临床症状。

严重感染盘尾丝虫的黑猩猩，每天用每千克体重10毫克，连续注射15天，可明显改善临床症状。

［用法与用量］

（1）盐酸左旋咪唑　内服，一次量，每千克体重，牛、羊、猪7.5毫克，犬、猫10毫克，禽25毫克。

（2）盐酸左旋咪唑注射液　皮下、肌内注射，一次量，每千克体重，牛、羊、猪7.5毫克，犬、猫10毫克，禽25毫克。

（3）磷酸左旋咪唑注射液　注射剂量同盐酸左旋咪唑注射液。

［注意事项］

（1）由于左旋咪唑对动物机体有拟胆碱样作用，因此，在应用有机磷化合物或乙胺嗪 14 天内禁用本品。

（2）本品不宜与四氯乙烯合用，以免增加毒性。

（3）左旋咪唑对动物的安全范围不广，特别是注射给药时有发生中毒甚至死亡事故。因此，单胃动物除肺丝虫宜选用注射法外，通常宜内服给药。应用左旋咪唑引起的中毒症状与有机磷中毒相似（如流涎、排粪、呼吸困难、心率变慢等），此时可用阿托品解毒，若发生严重呼吸抑制，可试用加氧的人工呼吸法解救。

（4）盐酸左旋咪唑注射时对局部刺激性较强，反应严重，而磷酸左旋咪唑刺激性稍弱，故供皮下、肌内注射时多用磷酸盐制剂。

（5）为安全起见，妊娠后期动物、去势、去角、接种疫苗等应激状态下，动物不宜采用注射给药法。

（6）左旋咪唑片，内服休药期，牛 2 天，羊 3 天，产奶期禁用；猪 3 天，禽 28 天。左旋咪唑注射剂休药期，牛 14 天，羊 28 天，产奶期禁用；猪、禽 28 天。

93 哌嗪的驱虫作用特点是什么？

[作用与用途] 哌嗪又名哌哔嗪、驱蛔灵。临床上用的有枸橼酸哌嗪和磷酸哌嗪两种，均为白色结晶性粉末。前者易溶于水，后者难溶于水。均应遮光、密封保存于干燥处。

哌嗪的各种盐类均属低毒、有效驱蛔虫药，此外，对食道口线虫、尖尾线虫也有一定效果，曾广泛用于兽医临床。哌嗪各种盐类的驱虫作用取决于制剂中哌嗪基质，国际上通常均以哌嗪水合物相等值表示，即 100 毫克哌嗪水合物相当于 125 毫克枸橼酸哌嗪或 104 毫克磷酸哌嗪。

哌嗪的驱虫活性取决于对蛔虫的神经肌肉接头处发生抗胆碱样作用，从而阻断神经冲动的传递；同时对虫体产生琥珀酸的功能亦被阻断。药物是通过虫体抑制性递质——γ-氨基丁酸（GABA）而起作用。哌嗪的抗胆碱活性是由于兴奋 GABA 受体和阻断非特异性胆碱能受体的双重作用，结果导致虫体麻痹，失去附着于宿主肠壁的能力，并借肠壁蠕动而随粪便排出体外。

本品的作用特点是在麻痹虫体前，很少引起虫体的兴奋现象，故不致因刺激虫体而引起胆道或肠道梗塞，且对畜禽无对抗乙酰胆碱的作用，因而用药比较安全，但驱虫范围窄，用量大。

[用法与用量] 对猪蛔虫可按每千克体重 0.3 克混入饲料投药。对犬蛔虫可按每千克体重 0.1 克投药。鸡蛔虫可按每千克体重 0.25 克混入饲料投服，或按 0.4%～0.8%的浓度饮水 1 天，效果很好。

94 吡喹酮如何应用？

吡喹酮是较理想的新型广谱抗绦虫和抗血吸虫药，目前广泛用于世界各地。

[作用与用途]

(1) 羊　吡喹酮对绵羊、山羊的大多数绦虫均有高效，每千克体重 10～15 毫克剂量对扩展莫尼茨绦虫、贝氏莫尼茨绦虫、球点斯泰绦虫和无卵黄腺绦虫均有 100%驱杀效果。对矛形双腔吸虫、胰阔盘吸虫、绵羊绦虫需要用每千克体重 50 毫克量才能有效。

对细颈囊尾蚴应以每千克体重 75 毫克，连服 3 天，杀灭效果 100%。吡喹酮对绵羊、山羊日本分体吸虫有高效，每千克体重 20 毫克量灭虫率接近 100%。

(2) 牛　每千克体重每天 10～25 毫克，连用 4 天，或一次内服每千克体重 50 毫克，对牛细颈囊尾蚴有高效。

(3) 猪　吡喹酮对猪细颈囊尾蚴有较好效果，如以每千克体重 10 毫克量，连用 14 天，可杀灭大多数虫体；若以 50 毫克，应用 5 天，则灭虫率达 100%。

(4) 禽　以每千克体重 10～20 毫克一次内服，对鸡有轮赖利绦虫、漏斗带绦虫和节片戴文绦虫驱虫率接近 100%。对鹅、鸭毛形剑带绦虫、斯氏双睾绦虫、片形皱缘绦虫、细小匙沟绦虫、微细小体钩绦虫和冠状双盏绦虫亦有高效，每千克体重 10～20 毫克，药效接近 100%。

[用法与用量]

（1）内服　一次量，每千克体重，牛、羊、猪 10～35 毫克，犬、猫 2.5～5 毫克，禽 10～20 毫克。

（2）吡喹酮注射液　皮下、肌内注射，一次量，每千克体重，犬、猫 0.1 毫升（5.68 毫克）。

[注意事项]

（1）本品毒性虽极低，但高剂量偶可出现使动物血清谷丙转氨酶轻度升高现象。治疗血吸虫病时，个别牛会出现体温升高，肌肉震颤和瘤胃臌胀等现象。

（2）大剂量皮下注射时，有时会出现局部刺激反应。犬、猫出现的全身反应（发生率为 10%）为疼痛、呕吐、下痢、流涎、无力、昏睡等现象，但多能耐过。

95 目前我国用于抗球虫的药物有哪些？

球虫病是分布很广的一种原虫病，是集约化畜牧业最为多发、为害严重且防治困难的疾病之一，也是所有动物疾病中经济损失最严重的疾病之一。目前，在我国应用于兽医临床的一般为广谱抗球虫药，大致分为两大类：

一类是聚醚类离子载体抗生素，如莫能菌素、盐霉素、拉沙霉素、马杜霉素、海南霉素等；另一类是化学合成的抗球虫药，如二硝基类的二硝托胺、尼卡巴嗪，三嗪类的妥曲珠利、地克珠利和磺胺类的磺胺喹噁啉、磺胺间甲氧嘧啶、磺胺氯吡嗪、磺胺二甲嘧啶等。

96 为什么使用抗球虫药时要注意药物的作用峰期？

抗球虫药的作用峰期是指球虫对药物最敏感的生活史阶段，或药物主要作用于球虫发育的某生活周期。也可按球虫生活史（即动物感染后）的第几日来计算。抗球虫药绝大多数作用于球虫的无性周期，但其作用峰期并不相同。掌握药物作用峰期，对合理选择和使用药物具有指导意义。

　　一般来说，作用峰期在感染后第一、二天的药物，其抗球虫作用较弱，多用作预防和早期治疗。而作用峰期在感染后第三、四天的药物，其抗球虫作用较强，多作为治疗药应用。由于球虫的致病阶段是发育史的裂殖生殖和配子生殖阶段，尤其是第二代裂殖生殖阶段，因此，应选择作用峰期与球虫致病阶段相一致的抗球虫药作为治疗性药物。属于这种类型的抗球虫药有尼卡巴嗪、妥曲珠利、磺胺氯丙嗪、磺胺喹噁啉、磺胺二甲氧嘧啶、二硝托胺等。

　　由于抗球虫药抑制球虫发育阶段的不同，会直接影响畜禽对球虫产生免疫力。例如，作用于第一代裂殖生殖的药物，影响鸡产生免疫力，故多用于肉鸡，而蛋鸡和肉用种鸡一般不用或不宜长时间应用；作用于第二代裂殖体的药物，不影响鸡产生免疫力，故可用于蛋鸡和肉用种鸡。

　　目前，常用抗球虫药的作用峰期见表3-1。

表3-1　抗球虫药的作用峰期

药物	抗球虫范围	活性峰期	抑制球虫生长阶段	休药期（天）
氨丙啉	柔嫩、堆型、布氏艾美耳球虫等	感染后第3天	第一代裂殖体	7
氯苯胍	柔嫩、毒害、堆型、布氏艾美耳球虫等	感染后第3天	第二代裂殖体	5
球痢灵	毒害、柔嫩、波氏、巨型艾美耳球虫等	感染后第3天	第二代裂殖体	0
尼卡巴嗪	柔嫩、堆型、巨型、毒害、波氏艾美耳球虫等	感染后第4天	第二代裂殖体	4
氯羟吡啶	柔嫩、毒害、变位、堆型艾美耳球虫等	感染后第1天	子孢子代	0～5
常山酮	柔嫩、毒害、巨型、变位、堆型艾美耳球虫等	感染后2～3天	第一、二代裂殖体	5

（续）

药物	抗球虫范围	活性峰期	抑制球虫生长阶段	休药期（天）
莫能菌素	毒害、柔嫩、巨型、变位、波氏、堆型艾美耳球虫等	感染后第2天	第一代裂殖体	3
盐霉素	柔嫩、堆型、毒害、变位艾美耳球虫等	感染后第2天	第一代裂殖体、子孢子滋养体	5
马杜拉霉素	毒害、柔嫩、堆型、巨型、布氏、变位艾美耳球虫等	感染后1~2天	第一代裂殖体、子孢子	5
拉沙里霉素	柔嫩、毒害、巨型、变位艾美耳球虫等	感染后第2天	第一代裂殖体、子孢子滋养体	5
磺胺喹噁啉	巨型、布氏、堆型艾美耳球虫等	感染后第4天	第一代裂殖体、子孢子	10
地克珠利	毒害、柔嫩、堆型、巨型、布氏、变位艾美耳球虫等	感染后1~3天	第一代裂殖体、子孢子	5
妥曲珠利	堆型、波氏、巨型、毒害、柔嫩艾美耳球虫等	感染后1~6天	裂殖阶段，配子阶段	8

97 如何减少球虫产生耐药性？

球虫药目前主要以预防为主，将抗球虫药混饲定期饲喂，效果较好。但长期以低浓度的抗球虫药饲喂雏禽等，也出现了对某些药物产生耐药性的虫株，甚至有交叉耐药的现象。目前，避免或延缓耐药虫株产生的办法，主要是通过穿梭用药、轮换用药和联合用药等措施。

穿梭用药是在同一个饲养期内换用两种或者三种不同性质的抗球虫药，即育雏阶段使用一种药物，到生长期时使用另外一种药物，目的是避免耐药性的产生。

轮换用药是季节性或周期性地轮换用药，避免耐药性的产生。轮换用药时应注意不能改用属于同一化学结构的抗球虫药，最好改用作用峰期不相同或者作用机理不同的药物。

联合用药是在同一个饲养期内，两种或两种以上的抗球虫药联合使用，通过药物的协同作用，既可以延长耐药性产生的时间，又可以增加药效和减少用量，降低生产成本。但是必须注意联合作用的药物不能发生配伍禁忌，应该分别作用于球虫的不同发育阶段。

98 联合使用抗球虫药时，应注意什么问题？

联合应用两种以上的抗球虫药时，相互之间不能有配伍禁忌。值得注意的，现在市售配合饲料中一般都同时应用多种饲料添加剂，因此，还应注意所选用的抗球虫药物不与饲料中其他添加剂产生颉颃作用。例如，盐霉素、莫能霉素、氨丙啉、常山酮、尼卡巴嗪等药物之间有配伍禁忌，不能同时使用两种或两种以上的这些药物；盐霉素、莫能霉素也不能与泰乐菌素和竹桃霉素同时使用，否则能引起生长抑制，甚至中毒死亡；氨丙啉、二甲硫胺与维生素 B_1 有明显的颉颃作用，在使用两种药物时，应控制每千克饲料中维生素 B_1 含量低于 10 毫克。

99 莫能菌素是怎样产生抗球虫作用的？使用时注意事项有哪些？

[作用与用途] 莫能菌素属单价聚醚离子载体抗生素，是聚醚类抗生素的代表性药物，广泛用作鸡球虫药而用于世界各国。莫能菌素的抗球虫机理是由于能兴奋子孢子的 Na^+、K^+ - ATP 酶，使子孢子 Na^+ 离子浓度增加，Na^+ 离子增加必然导致 Cl^- 离子增加，从而使子孢子吸水肿胀和空泡化。因为球虫没有渗透压调节细胞器，内部渗透压改变，必然会对球虫产生不良影响。此外，由于兴奋 Na^+、K^+ 泵，使 ATP 消耗增加。加之，用莫能菌素处理的球虫子孢子都出现乳酸量增加和增强支链淀粉（糖类）的利用，证实使用药物能增加子孢子的糖酵解。

莫能菌素对球虫的细胞外子孢子、裂殖子以及细胞内的子孢子均有抑杀作用，甚至对球虫的配子生殖期也有影响。

（1）家禽　莫能菌素主用于预防家禽球虫病，其抗虫谱较广，对鸡的堆型、布氏、毒害、柔嫩、巨型、和缓艾美耳球虫均有高效。据报道，用药后，其疗效、增重及饲料报酬均优于氨丙啉和氯羟吡啶。此外，亦用于火鸡腺艾美耳球虫和火鸡艾美耳球虫感染，对预防鹌鹑的分散、莱泰艾美耳球虫感染也极有效。

（2）牛、羊　莫能菌素对羔羊雅氏、阿撒地艾美耳球虫很有效，能迅速控制症状和减少死亡率。

［药物相互作用］

（1）莫能菌素通常不宜与其他抗球虫药并用，因并用后常使毒性增强。

（2）因为泰妙菌素能明显影响莫能菌素的代谢，导致雏鸡体重减轻，甚至中毒死亡，因此在应用泰妙菌素前、后7天内，不能用莫能菌素。

［注意事项］

（1）莫能菌素毒性较大，而且存在明显的种族差异，对马属动物毒性最大，应禁用；10周以上火鸡、珍珠鸡及鸟类亦较敏感而不宜应用。

（2）高剂量（每千克饲料120毫克浓度）莫能菌素对鸡的球虫免疫力有明显抑制效应，但停药后迅即恢复，因此，对肉鸡应连续应用不能间断，对蛋鸡雏鸡以低浓度（每千克饲料90～100毫克）或短期轮换给药为妥。

（3）本品预混剂规格众多，用药时应以莫能菌素含量计算。

（4）产蛋鸡禁用，超过16周龄鸡禁用。

（5）休药期，肉鸡、牛5天。

100 盐霉素的抗球虫作用有何特点？使用时注意事项有哪些？

［作用与用途］盐霉素属单价聚醚离子载体抗生素，其抗球虫效应大致与莫能菌素相似。亦可用作猪促生长剂，但安全范围较

窄，使用受到限制。对鸡球虫的子孢子以及第1、第2代无性周期子孢子、裂殖子均有明显作用。

盐霉素主要用于预防鸡球虫病。其抗虫谱较广，对鸡柔嫩、毒害、堆型、巨型、布氏、和缓艾美耳球虫均有良效。据病变、死亡率、增重率及饲料报酬判定的防治效果，大致与莫能菌素和常山酮相等。此外，对鹌鹑的分散艾美耳球虫、莱泰艾美耳球虫也极有效。

[药物相互作用]

（1）盐霉素禁与其他抗球虫药并用，否则增加毒性甚至导致动物死亡。

（2）禁与泰妙菌素并用，因能阻止盐霉素代谢而导致动物体重减轻，甚至死亡。必须应用时，至少应间隔7天。

[注意事项]

（1）本品毒性比莫能菌素强，每千克饲料80毫克浓度，雏鸡即摄食减少，而影响增重。加之本品预混剂规格众多，用药时必须根据有效成分，精确计量以防不测。

（2）马及马属动物对盐霉素极敏感，应避免接触；成年火鸡及鸭也较敏感亦不宜应用。

（3）高剂量（每千克饲料80毫克）盐霉素，使宿主对球虫产生的免疫力有一定抑制作用。

（4）产蛋鸡产蛋期禁用。

（5）休药期，禽5天。

101 马杜霉素的抗球虫作用机制是什么？如何应用？

[作用与用途] 马杜霉素属单价糖苷聚醚离子载体抗生素，是目前抗球虫作用最强，用药浓度最低的聚醚类抗球虫药，广泛用于肉鸡抗球虫。马杜霉素抗球虫机理同莫能菌素。对球虫早期子孢子、滋养体以及第1代裂殖体均有抑杀作用。

马杜霉素主要用于肉鸡球虫病，对鸡巨型、毒害、柔嫩、堆型和布氏艾美耳球虫均有良好抑杀效果，其抗球虫效果优于莫能菌素、盐霉素、甲基盐霉素等抗球虫药。

［用法与用量］混饲，每吨饲料，肉鸡5克。

［注意事项］

（1）本品毒性较大，除肉鸡外，禁用于其他动物。

（2）本品对肉鸡的安全范围较窄，超过每千克饲料6毫克，即能明显抑制肉鸡生长；每千克饲料8毫克浓度喂鸡，能使部分鸡群脱羽；两倍治疗浓度（每千克饲料10毫克）则引起雏鸡中毒死亡。因此，用药时必须精确计量，并使药料充分拌匀。

（3）喂马杜霉素鸡的粪便，切不可再加工作动物饲料，否则会引起动物中毒死亡。

（4）休药期，肉鸡5天。

102 海南霉素钠的抗球虫特点是什么？使用时注意事项有哪些？

海南霉素属单价糖苷聚醚离子载体抗生素，是我国独创的聚醚类抗球虫药，主要用作肉鸡抗球虫药。对鸡柔嫩、毒害、巨型、堆型、和缓艾美耳球虫都有一定的抗球虫效果，其卵囊值，血便及病变值均优于盐霉素，但增重率明显低于盐霉素。

［用法与用量］混饲，每吨饲料，肉鸡5～7.5克。

［注意事项］

（1）本品是聚醚类抗生素中毒性最大的一种抗球虫药，治疗浓度会明显影响增重。估计对人及其他动物的毒性更大（小鼠 LD_{50} 每千克体重1.8毫克），用时需密切注重防护，喂药鸡粪便切勿加工成饲料，更不能污染水源。

（2）限用于肉鸡，产蛋鸡及其他动物禁用。

（3）禁与其他抗球虫药物并用。

（4）休药期，肉鸡7天。

103 球痢灵对哪些球虫作用较好？

球痢灵又名二硝托胺，为硝基苯酰胺化合物，曾广泛用于我国兽医临床，是一种既有预防又有治疗效果的抗球虫药。主要作用于第一代裂殖体，同时对卵囊的子孢子形成也有抑杀作用。有人认为，球痢灵连用6天仅对球虫表现抑制作用，如果长期应用则为杀球虫药。

球痢灵对鸡毒害、柔嫩、布氏、巨型艾美耳球虫均有良好防治效果，特别是对小肠致病性最强的毒害艾美耳球虫作用最佳，但本品对堆型艾美耳球虫作用稍差。

球痢灵对火鸡小肠球虫病也有极佳防治效果，可连续用药直至16周龄。

家兔如按每千克体重50毫克剂量，每天2次，连用5天，可有效防止球虫病暴发。

二硝托胺不影响机体对球虫的免疫力。

[用法与用量] 混饲，每吨饲料，肉鸡125克。

[注意事项]

（1）球痢灵粉末颗粒的大小是影响抗球虫作用的主要因素，药用品应为极微细粉末。

（2）停用5～6天，常致球虫病复发，因此，肉鸡必须连续应用。

（3）产蛋鸡产蛋期禁用。休药期，鸡3天。

104 尼卡巴嗪的抗球虫作用有何特点？在预防用药过程中应注意什么问题？

[作用与用途] 尼卡巴嗪曾广泛用于肉鸡、火鸡球虫病的预防，活性峰期在第2代裂殖体，主要用于预防鸡盲肠球虫（柔嫩艾美耳球虫）和堆型、巨型、毒害、布氏艾美耳球虫（小肠球虫）。

对氨丙啉有耐药性的球虫，用尼卡巴嗪仍然有效。

[用法与用量] 混饲，禽，每吨饲料125克。

[注意事项]

（1）在尼卡巴嗪预防用药过程中，若鸡群大量接触感染性卵囊而暴发球虫病时，应迅速改用更有效的药物（如妥曲珠利、磺胺药等）治疗。

（2）由于尼卡巴嗪能使产蛋率、受精率以及蛋品质量下降和棕色蛋壳色泽变浅，故产蛋鸡禁用。

（3）由于尼卡巴嗪对雏鸡有潜在的生长抑制效应，不足 5 周龄幼雏以不用为宜。

（4）酷暑期间，如鸡舍通风降温设备不全，室温超过 40 ℃时，应用尼卡巴嗪能增加雏鸡死亡率。

（5）休药期，肉鸡 4 天。

105 氨丙啉抗球虫作用的机制是什么？用药时应注意什么问题？

[作用与用途] 氨丙啉是传统使用的抗球虫药，具有较好的抗球虫效应，目前仍广泛用于世界各国。可竞争性地抑制球虫对硫胺的摄取，在细胞内，硫胺被合成为硫胺焦磷酸盐，参加糖代谢过程中 α-酮酸的氧化脱羧反应，是 α-酮酸脱氢酶系中的辅酶。由于氨丙啉缺乏硫胺的羟乙基团，不能被焦磷酸化，使许多反应不能进行，妨碍虫体细胞内的糖代谢过程，从而抑制了球虫的发育。氨丙啉对鸡球虫的作用峰期，是阻止第 1 代裂殖体形成裂殖子，此外，对球虫有性周期和孢子形成的卵囊也有抑杀作用。

（1）家禽　对鸡柔嫩、堆型艾美耳球虫作用最强，但对毒害、布氏、巨型、和缓艾美耳球虫作用稍差。通常治疗浓度并不能全部抑制卵囊产生。因此，国内外多与乙氧酰胺苯甲酯、磺胺喹噁啉等并用，以增强疗效。

氨丙啉对机体球虫免疫力的抑制作用不太明显。饮水浓度，每升水 120 毫克，能有效地预防和治疗火鸡球虫病。

（2）牛、羊　对犊牛艾美耳球虫、羔羊艾美耳球虫也有良好预防效果。对羔羊球虫，可按每千克体重每天 55 毫克，连用 14～19天。对犊牛球虫病，预防时，按每千克体重每天 5 毫克，连用 21天，治疗用每千克体重每天 10 毫克，连用 5 天。

（3）其他　对水貂的等孢球虫病，饮水浓度，每升水 120 毫克，连用 30 天，能有效地防止卵囊排出。

[注意事项]

（1）氨丙啉性质虽稳定，可与多种维生素、矿物质、抗菌药混合，但在仔鸡饲料中仍缓慢分解，在室温下贮藏60天，平均失效8%，因此，本品仍应现配现用为宜。

（2）本品多与乙氧酰胺苯甲酯和磺胺喹噁啉并用，以增强疗效。

（3）犊牛、羔羊高剂量连喂20天以上，能出现由于硫胺缺乏引起的脑皮质坏死而出现神经症状。

（4）产蛋鸡禁用。

（5）休药期，肉鸡7天，肉牛1天。

106 常山酮的抗球虫作用特点是什么？使用时注意事项有哪些？

[作用与用途] 常山酮是由一种植物常山中获得的喹唑酮类物质，为较新型的广谱抗球虫药，具有用量小，无交叉耐药性等优点。常山酮对球虫子孢子、第1代裂殖体和第2代裂殖体均有明显抑杀作用，可控制早期病变，使肠道保持正常吸收机能，从而对动物增重起良好保证作用。

常山酮对多种球虫均有抑杀效应，尤其对鸡柔嫩、毒害、巨型艾美耳球虫特别敏感，甚至每千克饲料1～2毫克浓度即有良效。对堆型、布氏艾美耳球虫以及火鸡的小艾美耳球虫、腺艾美耳球虫、孔雀艾美耳球虫，必须用每千克饲料3毫克推荐药料浓度才能阻止卵囊排泄。

常山酮对氯羟吡啶和喹诺啉类药物产生耐药性的球虫，用之，仍然有效。

在国外，常山酮还用于牛泰勒虫以及绵羊、山羊的山羊泰勒虫感染。

[注意事项]

（1）常山酮安全范围较窄，治疗浓度每千克饲料3毫克对鸡、火鸡、兔等均属安全，但能抑制水禽（鹅、鸭）生长。珍珠鸡最敏感，易中毒死亡。由于鱼及水生生物对本品极敏感，故应防止喂药鸡粪及装药容器污染水源。

（2）由于常山酮对家禽及哺乳动物Ⅰ型胶原细胞合成有抑制作用，因此，可导致用药家禽皮肤开裂。治疗浓度能影响健康雏鸡增重率，并使火鸡血液凝固加快，以及影响火鸡对球虫的免疫力。

（3）每千克饲料6毫克浓度即影响适口性，使病鸡采食（药）减少；每千克饲料9毫克则多数鸡拒食。因此，药料必须充分拌匀。要求混合均匀度在每千克饲料2.1～3.9毫克，否则影响药效。

（4）由于连续应用，国内多数鸡场已出现严重的球虫耐药现象。

（5）禁与其他抗球虫药并用。

（6）12周龄以上火鸡、8周龄以上雏鸡、产蛋鸡及水禽禁用。

（7）休药期，肉鸡5天，火鸡7天。

107 地克珠利抗球虫作用的特点是什么？

［作用与用途］地克珠利属三嗪苯乙腈化合物，为新型、高效、低毒抗球虫药，广泛用于鸡球虫病。对球虫主要作用峰期，随球虫的不同种属而异，如对柔嫩艾美耳球虫主要作用点在第2代裂殖体球虫的有性周期。但对巨型、布氏艾美耳球虫裂殖体无效。对巨型艾美耳球虫作用点在球虫的合子阶段；对布氏艾美耳球虫小配子体阶段有高效。地克珠利对形成孢子化卵囊也有抑制作用。

（1）家禽　地克珠利对鸡柔嫩、堆型、毒害、布氏、巨型艾美耳球虫作用极佳，用药后除能有效地控制盲肠球虫的发生和死亡外，甚至能使病鸡球虫卵囊全部消失，实为理想的杀球虫药。地克珠利对和缓艾美耳球虫也有高效。据临床试验表明，地克珠利对球虫的防治效果优于其他常规应用的抗球虫药和莫能菌素等离子载体抗球虫药。

对氟嘌呤（Arprinocid）、氯羟吡啶、常山酮、氯苯胍、莫能菌素耐药的柔嫩艾美耳球虫，应用地克珠利仍然有效。每千克饲料1毫克能有效地控制鸭球虫病，其效果甚至超过聚醚类抗生素。

每千克饲料 1 毫克可有效地防治火鸡腺艾美耳球虫、火鸡艾美耳球虫、孔雀艾美耳球虫和分散艾美耳球虫感染。

（2）家兔　每千克饲料 1 毫克喂家兔，对家兔肝脏球虫和肠球虫具高效。

[注意事项]

（1）由于地克珠利较易引起球虫的耐药性，甚至会与妥曲珠利产生交叉耐药，因此，连用不得超过 6 个月。轮换用药时亦不宜应用同类药物如妥曲珠利。

（2）地克珠利作用时间短暂，停药 1 天后，作用基本消失。因此，肉鸡必须连续用药以防再度暴发。

（3）由于用药浓度极低，允许变动值为每千克饲料 0.8～1.2 毫克，否则影响疗效。因此，药物与饲料必须充分拌匀。

（4）地克珠利溶液的饮水液，我国规定的稳定期仅为 4 小时，因此，必须现用现配，否则影响疗效。

（5）休药期，肉鸡 5 天。

108 妥曲珠利的抗球虫作用特点是什么？

[作用与用途]　妥曲珠利属三嗪酮化合物，具有广谱抗球虫活性。广泛用于鸡球虫病。对球虫的作用部位十分广泛，对球虫两个无性周期均有作用，如抑制裂殖体、小配子体的核分裂和小配子体的壁形成。妥曲珠利能干扰球虫细胞核分裂和线粒体作用，影响虫体的呼吸和代谢功能，加之，又能使细胞内质网膨大，发生严重空泡化，因而具有杀球虫作用。

（1）家禽　妥曲珠利主用于家禽球虫病。对鸡堆型、布氏、巨型、柔嫩、毒害、和缓艾美耳球虫，火鸡腺艾美耳球虫、火鸡艾美耳球虫，以及鹅的鹅艾美耳球虫、截形艾美耳球虫均有良好的抑杀效应。一次内服每千克体重 7 毫克或以每升 25 毫克浓度饮水 48 小时，不但有效地防治球虫病，使球虫卵囊全部消失，而且不影响雏鸡生长发育以及球虫免疫力的产生。

（2）羊　给羔羊一次内服每千克体重 20 毫克或每千克饲料

10～15毫克，能有效地防治羔羊球虫病。

（3）兔 每千克饲料10～15毫克药料喂饲，对家兔肝球虫和肠球虫极为有效。

[注意事项]

（1）连续应用易使球虫产生耐药性，甚至存在交叉耐药性（地克珠利），因此，连续应用不得超过6个月。

（2）为防止稀释后药液减效（进口产品水溶液稳定期不低于48小时），国产品以现配现用为宜。

109 磺胺喹噁啉的抗球虫作用特点是什么？

[作用与用途] 磺胺喹噁啉是抗球虫的专用磺胺药，至今仍广泛用于畜禽球虫病。由于磺胺类药的基本结构与对氨苯甲酸（PABA）相似，因而可互相争夺二氢叶酸合成酶，而影响二氢叶酸形成，最终影响核蛋白合成，从而抑制细菌和球虫的生长繁殖。磺胺喹噁啉的抗球虫活性峰期是第2代裂殖体，对第1代裂殖体也有一定作用，本品对有性周期无效。

（1）家禽 磺胺喹噁啉对鸡巨型、布氏和堆型艾美耳球虫作用最强，但对柔嫩、毒害艾美耳球虫作用较弱，通常需更高浓度才能有效。因此，本品通常与氨丙啉或抗菌增效剂联合应用，则扩大抗虫谱及增强抗球虫效应。

应用磺胺喹噁啉不影响宿主对球虫的免疫力，加之本品有较强的抗菌作用，从而奠定了治疗球虫病的基础。

每千克饲料150～175毫克，对火鸡球虫也具良好预防效果。

（2）其他 磺胺喹噁啉还广泛用于反刍幼畜和小动物的球虫病。

① 家兔球虫病：可按每千克饲料250毫克，连用30天；每千克饲料1 000毫克，连喂2周，或按每升水200毫克，连用3～4周，能有效地控制兔艾美耳球虫病的临床症状；若用每升水300毫克，效果更好。

② 水貂等孢球虫病：可连续饮用每升水240毫克药液，通常

能有效地抑制卵囊排出。

③ 犊牛球虫病：可按 0.1% 饲料浓度，连用 7～9 天。

④ 羔羊球虫病：可用其钠盐配成每升水 250 毫克饮水浓度，连用 2～5 天，能有效地治疗球虫感染。

[注意事项]

（1）本品对雏鸡有一定的毒性，高浓度（0.1%）药料连喂 5 天以上，则引起与维生素 K 缺乏有关的出血和组织坏死现象。即使应用推荐浓度每千克饲料 125 毫克，连用 8～10 天，亦可使鸡红细胞和淋巴细胞减少。因此，连续饲喂不得超过 5 天。

（2）由于磺胺药应用已有数十年，不少细菌和球虫已引起耐药性，甚至交叉耐药性；加之，磺胺喹噁啉抗虫谱窄，毒性较大，因此，本品宜与其他抗球虫药（如氨丙啉或抗菌增效剂）联合应用。

（3）本品能使产蛋率下降，蛋壳变薄，因此，产蛋鸡禁用。

（4）休药期，肉鸡 7 天，火鸡 10 天，牛、羊 10 天。

110 抗真菌兽药有哪些？如何应用？

兽医临床常用的抗真菌药有灰黄霉素、制霉菌素和两性霉素 B。

（1）灰黄霉素

[作用与用途] 是由青霉菌培养液中提取的一种耐热、含氯的抗真菌抗生素，主要能抑制各种皮肤癣菌，如毛癣菌、小孢子菌和表皮癣菌等，但对白色念珠菌、放线菌属及细菌无效，对曲霉菌属作用很小。主要能抑制敏感菌菌丝的生长，但不能杀菌，所以至少需 1 周以上的治疗。临床上主要用于治疗犊牛毛癣、马属动物毛癣和犬的毛癣等。

[用法与用量] 内服，每天每千克体重，马、驴 10 毫克，犊牛 10～20 毫克，犬 15～40 毫克，兔 25 毫克。一般大动物疗程为 7～14 天，小动物疗程为 2～8 周。

（2）制霉菌素

[作用与用途] 是由诺尔斯氏链霉菌产生的多烯类抗生素，对

酵母菌、白色念珠菌、球霉菌及囊球菌的生长有抑制作用，对曲霉菌、阴道滴虫、球虫亦有一定作用。主要用于治疗白色念珠菌感染，亦可内服治疗胃肠道感染，如犊牛真菌性胃炎、牛真菌性真胃炎等。

［用法用量］内服一日量，马、牛250万～500万单位，猪、羊50万～100万单位，犬10万～20万单位，每天服用3～4次。

（3）两性霉素B（两性霉素乙）　用于抑制可引起全身感染的荚膜组织胞浆菌、球孢子菌、白色念珠菌、皮炎芽生菌、黑曲霉菌等真菌，但对细菌没有抑制作用。主要用于治疗全身性深部真菌感染和马的局部藻菌感染等。

［用法与用量］用时以灭菌注射用水或5%的葡萄糖注射液稀释成每毫升0.05毫克的溶液，缓慢静脉滴注，每天1次。马每千克体重用0.38毫克，连用4～10天，可增加到每千克体重1毫克，再用4～8天。也可用5%的葡萄糖注射液10毫升稀释50毫克本品，局部涂敷或皮下注射。

第四章

消 毒 药

 **提高养殖场消毒效果的措施有哪些？**

（1）选择合格的消毒剂　畜禽养殖场选择消毒剂要在兽医人员指导下，根据场内不同的消毒对象、要求及消毒环境条件等，有针对性地选购经兽药监察部门批准生产的消毒剂，或是选购经当地畜牧兽医主管部门推荐的适宜本地使用的消毒剂。选择时要检查消毒剂的标签和说明书，看是不是合格产品，是否在有效使用期内。消毒剂要具有价格低，易溶于硬水，无残毒，对被消毒物无损伤，在空气中较稳定，且使用方便，对要预防和扑灭的疫病有广谱、快速、高效消毒作用。

（2）选择适宜的消毒方法　应用消毒药时，要选择适宜的消毒方法。根据不同的消毒环境、消毒对象和被消毒物的种类等具体情况，选择高效、可行的消毒方法。如喷雾（图 4 - 1）、拌和、浸泡、刷拭、熏蒸、撒布、涂擦、冲洗等（彩图 29）。

（3）按要求科学配制消毒剂　市售的化学消毒药品，因其规格、剂型、含量不同，往往不能直接应用于消毒工作。使用前，要按说明书要求配制实际所需的浓度。配制时，要选择稀释后对消毒效果影响最小的水，以及稀释后适宜的浓度和温度等。还要注意有些配好的药液不宜久贮；氯制剂多次使用时最好先测定有效氯含量，然后根据测定结果进行配制。做好这些都可以提高消毒效果。

（4）设计科学的消毒程序　有些畜禽养殖场消毒效果差，主要是执行的消毒程序不科学。畜禽养殖场现行的有两种消毒程序，一

图4-1　喷雾消毒法

种消毒程序是以消毒代替清洁，使用直接消毒程序；另一种消毒程序是先清除被消毒物上的有机物后再消毒，使用先清洁后消毒程序。我们把现行两种消毒程序综合起来，设计把一次消毒程序改为二次消毒程序，具体为：第一次是使用稀释好的消毒药剂直接进行消毒，待一定作用时间后，清洁被消毒物上的有机物质或其他障碍物质，再用消毒药剂重复消毒一次。设计这种二次消毒程序，既科学彻底，消毒效果又好。

112 使用消毒药的注意事项有哪些？

使用消毒药要注意以下事项：

（1）要根据不同的消毒对象、消毒目的选择不同的消毒产品

① 活畜消毒：是指对动物体表的消毒。多采用无腐蚀、无刺激、无毒性的消毒剂，进行喷雾消毒。比较好的消毒药是季铵盐类消毒药和一些氯制剂。

② 环境消毒：多采用有机氯消毒剂、高锰酸钾、过氧乙酸等高效消毒剂。

③ 器械消毒：多采用紫外线照射和高温高压灭菌法。

（2）要按病原微生物的特性选药　例如，要杀灭细菌芽孢或非

囊膜病毒，则必须选用高效消毒剂（过氧乙酸、甲醛、含氯类消毒剂），而不能选择季铵盐类等阳离子表面活性剂（表4-1）。

表4-1　消毒药选用一览表

消毒对象	选用药物
舍内空气消毒	高锰酸钾、甲醛、过氧乙酸、戊二醛、二氧化氯、次氯酸钠
饮水消毒	漂白粉、氯胺T、百毒杀、二氧化氯、二氯异氰尿酸钠、三氯异氰脲酸、聚乙烯吡咯烷酮碘
地面消毒	石灰乳、漂白粉、草木灰、氢氧化钠、复合酚、二氯异氰尿酸钠
运动场地消毒	漂白粉、石灰乳、复合酚、二氯异氰尿酸钠
消毒池	氢氧化钠、石灰乳
饲养设备消毒	漂白粉、过氧乙酸、聚乙烯吡咯烷酮碘、二氯异氰尿酸钠、新洁尔灭
带畜禽消毒	过氧乙酸、二氧化氯、二氯异氰尿酸钠、三氯异氰脲酸、聚乙烯吡咯烷酮碘
种蛋消毒	过氧乙酸、新洁尔灭、甲醛、百毒杀、二氧化氯、二氯异氰尿酸钠、次氯酸钠、氯胺T
粪便消毒	漂白粉、生石灰、草木灰、复合酚、三氯异氰脲酸

（3）注意消毒剂的浓度选择　通常消毒剂的消毒效果与其浓度成正相关，使用时应不低于有效浓度或适当增加浓度；不应盲目增加消毒浓度，过高的浓度往往对消毒对象不利，造成不必要的浪费和经济损失。

（4）必须先清理后消毒　温度、酸碱度（pH）对消毒剂的消毒效果都有很大影响，应根据不同环境选择合适的消毒药品。

消毒现场通常会遇到各种有机物，如分泌物、脓液、饲料残渣及粪便等，这些有机物的存在不仅能阻碍消毒药直接与病原微生物接触，还能中和并吸附部分药物，使消毒作用减弱。因此，在消毒药物使用前，应进行充分的机械性清扫，清除消毒物品表面的有机物，使消毒药能够充分发挥作用。消毒剂受有机物影响程度也有所不同，氯制剂消毒效果降低幅度大，季铵盐类、过氧化物类等消毒作用降低明显，戊二醛类及碘伏类消毒剂受有机物影响较小。

（5）消毒的作用时间　一般情况下，消毒剂与微生物接触后，要经过一定时间后才能杀死病原，所以消毒后不要很快进行清扫。作用时间若太短，往往达不到消毒的目的。另外，进行畜群饮水免疫时，不能进行饮水消毒和饮水工具的消毒。

（6）选择正规的消毒产品　目前，市场上销售的消毒药品名称繁杂，使用说明夸大其词，如果盲目相信其夸大的作用，结果不免使人失望。因此，养殖户在选择消毒药品时应到正规的兽药销售单位，选择正规厂家生产的产品。

（7）消毒剂的恰当配合使用　良好的配方能显著提高消毒的效果。例如，季铵盐类消毒剂用70%乙醇配制比用水配制穿透力更强，杀菌效果更好；戊二醛和环氧乙烷联合应用，二者具有协同效应，可提高消毒效力；另外，使用具有杀菌作用的溶剂，如甲醇、丙二醇等配制消毒液时，常可增强消毒效果。当然，消毒药之间也会产生颉颃作用，如酚类（石炭酸、复合酚等）不宜与碱类消毒剂混合，阳离子表面活性剂不宜与阴离子表面活性剂（肥皂等）及碱类物质混合，因此，消毒药不能随意混合使用。

113 养殖场常用消毒剂有哪些？

消毒药品种类繁多，按其性质可分为：过氧化物类、氯化物类、碘类、季铵盐类、醇类、酚类、醛类、碱类、酸类、挥发性烷化剂类等。畜禽饲养场常用以下几种消毒药：

（1）氧化物类消毒药

① 过氧乙酸：过氧乙酸具有很强的广谱杀菌作用，能有效杀死细菌繁殖体、结核杆菌、真菌、病毒、芽孢和其他微生物。

实际应用：配成0.1%～0.2%浓度用于厩舍内外环境、用具及带猪消毒。但要注意带猪消毒时，不要直接对着猪头部喷雾，防止伤害猪的眼睛。

② 高锰酸钾：又称锰酸钾或灰锰氧，是一种强氧化剂的消毒药，它能氧化微生物体内的活性基，而将微生物杀死。

实际应用：常配成 0.1%～0.2% 浓度，用于猪的皮肤、黏膜消毒，主要是对临产前母猪乳头，会阴以及产科局部消毒用。

(2) 卤素类消毒药

1）氯化物类消毒剂：氯化物类消毒剂杀菌谱广，能有效杀死细菌、结核杆菌、真菌、病毒、阿米巴包囊和藻类，作用迅速，其残氯对人和动物无害。其缺点是，对金属用品有强腐蚀性，高浓度对皮肤黏膜有一定刺激性。

① 漂白粉：属于氯化物类消毒剂的次氯酸钙的产品，杀菌谱广，作用强，但不持久。主要用于厩舍、畜栏、饲槽、车辆等消毒。

实际应用：用 5%～10% 混悬液喷洒，也可以用干粉末撒布。用 0.03%～0.15% 作饮水清毒。

② 次氯酸钠（NaClO）：次氯酸钠是液体氯消毒剂，是一种有效、快速、杀菌力特强的消毒剂。目前广泛应用于水、污水及环境消毒。

实际应用：畜禽水质消毒，常用维持量 2～4 毫克/升有效氯。用于猪舍内外环境消毒，常用 5～10 毫克/升有效氯的氯消毒剂溶液。用 5 毫克/升浓度氯溶液带猪喷雾消毒。

③ 菌毒王消毒剂：菌毒王是一种含二氧化氯的二元复配型消毒剂。消毒剂与活化剂等量混合活化后，可释放出游离的二氧化氯。二氧化氯具有很强的氧化作用，能使微生物蛋白质中的氨基酸氧化分解。因此它能杀灭各种细菌、霉菌、病毒和藻类等微生物。又由于具有安全、高效、广谱等特点，目前广泛应用于畜禽场、饲喂用具、饮水、环境等方面消毒。

实际应用：畜禽水质消毒常用 5 毫克/升，环境消毒用 200 毫克/升，饲喂用具消毒用 700 毫克/升。

④ 强力消毒王：强力消毒王是一种新型复方含氯消毒剂。主要成分为二氯异氰尿酸钠，并加入阴离子表面活性剂等。本品有效氯含量为 20%，消毒杀菌力强，易溶于水，正常使用对人、畜无

害，对皮肤、黏膜无刺激，无腐蚀性，并具有防霉、去污、除臭的效果，且性能稳定、持久耐贮存；可带畜、禽喷雾消毒；对各种病毒、细菌和霉菌以及畜禽寄生虫虫卵均有较好的杀灭作用。

实际应用：根据消毒范围及对象，参考规定比例称取一定量的药品，先用少量水溶解成悬浊液，再加水逐步稀释到规定比例。

2）碘类消毒剂：碘是广谱消毒剂，它对细菌、结核杆菌、芽孢、真菌和病毒等都有快速杀灭的作用。碘溶于乙醇中成碘酊，常用于皮肤的消毒。它的水溶液适合于黏膜消毒。

① 碘酊（碘酒）：它是一种温和的碘消毒剂溶液，一般配成 2% 浓度。

实际应用：将 2% 碘酊涂在皮肤上，因此种浓度不致灼伤皮肤，因此，临床上常用 2% 碘酊用于注射部位及外科手术部位皮肤，以及各种创伤或感染的皮肤或黏膜的消毒。

② 碘伏：能增强碘在水中的溶解度，由于它易溶于水，其浓度比游离碘高 10 倍以上。碘伏对黏膜和皮肤无刺激性，也不致引起碘的过敏反应。杀菌能力与碘酊相似，除有消毒作用外，还有清洁作用，而毒性极低。对碳钢、铜和银，以及其他金属均无腐蚀性。

实际应用：临床上常用 1% 浓度的碘伏，用于注射部位，手术部位的皮肤、黏膜以及创伤口，感染部位的消毒。也可以用于临产前母猪乳头、会阴部位的清洗消毒。

碘和碘伏也可用于水的消毒，特别是饮水的紧急处理，用 8 毫克/升有效碘，作用 10 分钟，能有效地杀死水中存在的微生物。

③ 特效碘消毒液：特效碘消毒液为复方络合碘溶液，具有广谱长效、无毒、无异味、无刺激、无腐蚀、无公害等特点。能杀灭致病的葡萄球菌、化脓性链球菌、炭疽杆菌、破伤风杆菌、巴氏杆菌、大肠杆菌、绿脓杆菌、沙门氏菌、肺炎双球菌等，并且还能杀灭甲型、乙型肝炎病毒、副黏病毒、痘病毒等。

实际应用：畜禽舍喷雾消毒，常用 0.3% 特效碘消毒剂作 40～80 倍的稀释后使用。

（3）季铵盐类消毒剂　季铵盐又称阳离子表面活性剂，它主要用于无生命物品或皮肤消毒。季铵盐化合物的优点，毒性极低，安全、无味、无刺激性，在水中易溶解，对金属、织物、橡胶和塑料等无腐蚀性。抑菌能力很强，但杀菌能力不太强，主要对革兰氏阳性菌抑菌作用好，阴性菌较差。对芽孢、病毒及结核杆菌作用能力差，不能杀死。目前为了克服这方面的缺点，厂家又研制出复合型的双链季铵盐化合物，较传统季铵盐类消毒剂杀菌力强数倍。有的产品还结合杀菌力强的溴原子，使分子亲水性及亲脂性倍增，更增强了杀菌作用。

① 洗必泰：洗必泰是一种毒性、腐蚀性和刺激性都低的安全消毒剂，抑菌能力非常强，尤其对大肠杆菌、伤寒杆菌、绿脓杆菌、金黄色葡萄球菌、炭疽杆菌都有很高的抑制作用。浓度极低的洗必泰也有很强的抑菌作用，并在皮肤上维持较长时间。目前国内生产主要有双醋酸洗必泰和双盐酸洗必泰两种。

实际应用：主要用于外科手术前人员手臂和皮肤、黏膜部位消毒，常选用 0.5% 洗必泰。另外，用 0.1%～0.2% 洗必泰水溶液，可以用于临产猪擦洗胸腹下、乳头、后臀部、会阴等部位的消毒。0.1% 的浓度也可以用于产房带猪消毒。

② 新洁尔灭：是季铵盐类消毒剂，它在水、醇中易溶。本品温和，毒性低，无刺激性，不着色，不损坏消毒物品，使用安全，应用广泛。

实际应用：临床上常配成 0.1% 浓度新洁尔灭用于外科手术器械以及人员手、臂的消毒。

③ 杜灭芬：也称消毒宁，属于季铵盐类消毒剂。本品由于能扰乱细菌的新陈代谢，故产生抑菌、杀菌作用。

实际应用：常配成 0.02%～1% 溶液用于皮肤、黏膜消毒及局部感染湿敷。

④ 瑞德士-203 消毒杀菌剂：瑞德士-203 消毒杀菌剂是由双链季铵盐和增效剂复配而成。本品具有低浓度、低温快速杀灭各种病毒、细菌、霉菌、真菌、虫卵、藻类、芽孢及各种畜禽致病微生

物的作用。

实际应用：平常预防消毒用 40 型号的本品，按 3 200～4 800 倍稀释进行猪舍内、外及环境的喷洒消毒。按 1 600～3 200 倍稀释用于疫场消毒。

⑤ 百菌灭消毒剂：百菌灭是复合型双链季铵盐化合物，并结合了最强杀菌力的溴（Br）原子，能杀灭各种病毒、细菌和霉菌。

实际应用：平常预防消毒，取本品按 1∶800～1 200 倍稀释做猪舍内喷雾消毒。按 1∶800 倍稀释可用于疫情场内、外环境消毒。按 1∶3 000～5 000 倍稀释，可长期或定期作为饮水系统消毒。

⑥ 畜禽安消毒剂：是复合型第五代双单链季铵盐化合物，比传统季铵盐类消毒剂抗菌谱广、高效，能杀灭各种病毒、细菌和霉菌，适用条件广泛，不受环境、水质、pH、光照、温度的影响。

实际应用：平常预防消毒，常用浓度 40% 的畜禽安按 3 500～6 000 倍稀释，可用于猪舍的喷洒消毒；按 1 200～3 000 倍稀释，可用于疫场的环境和猪舍内喷洒消毒。

（4）醇类消毒药 乙醇是醇类消毒药的一种，是医学上最常用的消毒药，它可以使细菌蛋白质变性，干扰细菌的新陈代谢。某些醇类如正丙醇和特丁醇有溶解大肠杆菌的作用。所以，它能迅速杀死各种细菌繁殖体和结核杆菌。但任何高浓度醇类都不能杀死芽孢，对病毒和真菌孢子效果也不敏感，需长时间才能有效。但它有无毒无害，无色、无味，用于皮肤易挥发的特点，故临床上常用它进行注射部位皮肤消毒、脱碘，器械灭菌，以及体温计消毒等。

实际应用：常配成 70%～75% 乙醇溶液用于注射部位皮肤、人员手指、注射针头及小件医疗器械等消毒。

（5）酚类消毒药

① 来苏儿：是人工合成酚类的一种，它是甲酚和肥皂混合液，可以使微生物原浆蛋白质变性、沉淀而起杀菌或抑菌作用。能杀死一般细菌，对芽孢无效，对病毒与真菌也无杀灭作用。

实际应用：常配成 1%～2% 的浓度用于体表、手指和器械消毒。5% 的用于猪舍污物消毒等。

②菌毒敌消毒剂：原名农乐，是一种高效、广谱、无腐蚀的畜禽消毒剂，具有杀灭各种病毒、细菌和霉菌的作用，对口蹄疫病毒、水疱病毒、狂犬病毒、伪狂犬病毒、结核杆菌、巴氏杆菌、炭疽杆菌、猪丹毒杆菌、大肠杆菌、沙门氏菌等均有较好杀灭作用。

实际应用：常规预防消毒按1∶300倍稀释，用于猪场内、外环境消毒。按1∶100倍稀释可用作特定传染病病毒及运载性车辆喷雾消毒。

(6) 醛类消毒药 甲醛（福尔马林）：是一种杀菌力极强消毒剂，不仅能杀死细菌的繁殖型，也能杀死芽孢（如炭疽芽孢），以及抵抗力强的结核杆菌、病毒及真菌等。主要用于厩舍、仓库、孵化室、皮毛、衣物、器具等的熏蒸消毒，标本、尸体防腐；亦用于胃肠道制酵。

实际应用：配成5%甲醛酒精溶液，可用于手术部位消毒；10%～30%甲醛溶液可用于治疗蹄叉腐烂；10%～20%福尔马林（相当于4%～8%甲醛溶液），可作喷雾、浸泡、熏蒸消毒。

(7) 碱类消毒药

①氢氧化钠：属于碱类消毒药，它能溶解蛋白质，破坏细菌的酶系统和菌体结构，对机体组织细胞有腐蚀作用，本品对细菌繁殖体、芽孢、病毒都有很强的杀灭作用，对寄生虫卵也有杀灭作用。

实际应用：常配成2%热溶液用于病毒和细菌及弓形虫污染的猪舍、饲槽和车轮等消毒。5%溶液用于炭疽芽孢污染场地消毒。5%溶液用于腐蚀皮肤赘生物、新生角质等。

②石灰：又称生石灰。碱类消毒剂，主要成分是氧化钙，加水即成氢氧化钙，俗名熟石灰或消石灰，具有强碱性，但水溶性小，解离出来的氢氧根离子不多，消毒作用不强。1%石灰水杀死一般的繁殖型细菌要数小时，3%石灰水杀死沙门氏菌要1小时，对芽孢和结核杆菌无效。其最大的特点是价廉易得。

实际应用：实践中，20份石灰加水到100份制成石灰乳，用于涂刷墙体、栏舍、地面等，或直接加石灰于被消毒的液体中，或撒在阴湿地面、粪池周围及污水沟等处消毒。

（8）酸类

① 赛可新（Selko-pH）：酸类消毒剂。主要成分是复合有机酸，用于饮水消毒，用量为每升饮水添加 1.0～3.0 毫升。

② 农福：酸类消毒剂，由有机酸、表面活性剂和高分子量杀微生物剂混合而成。主要用于被病毒、细菌、真菌、支原体等污染的场地、栏舍、器械、用具和车辆的消毒。

实际应用：常规喷雾消毒作 1∶200 稀释，每平方米使用稀释液 300 毫升；多孔表面或有疫情时，作 1∶100 稀释，每平方米使用稀释液 300 毫升；消毒池作 1∶100 稀释，至少每周更换一次。

③ 醋酸：酸类消毒剂，用于空气熏蒸消毒。

实际应用：按每立方米空间3～10毫升，加 1～2 倍水稀释，加热蒸发。可带畜、禽消毒，用时须密闭门和窗。市售醋酸可直接加热熏蒸。

114 常用的消毒方法有哪些？

常用的消毒方法大致可分为三类，即物理消毒法、化学消毒法和生物学消毒法。

（1）物理消毒法 是指用物理因素杀灭或消除病原微生物及其他有害微生物的方法。其特点是作用迅速，消毒物品不遗留有害物质。常用的物理消毒法有：自然净化、机械除菌、热力灭菌和紫外线辐射等。

（2）化学消毒法 是指用化学药品进行消毒的方法。化学消毒法使用方便，不需要复杂的设备，但某些消毒药品有一定的毒性和腐蚀性，为保证消毒效果，减少毒副作用，须严格按照要求的条件和使用说明。

（3）生物学消毒法 是利用某些生物消灭致病微生物的方法。特点是作用缓慢，效果有限，但费用较低。多用于大规模废物及排泄物的卫生处理，常用的方法有生物热消毒技术和生物氧化消毒技术。

115 主要适用于环境消毒的消毒药有哪些？

主要适用于环境消毒的消毒药参见表4-2。

表4-2　常用环境消毒剂

类　别	药　品
酚类	苯酚、甲酚、六氯酚
醛类	甲醛溶液、聚甲醛、戊二醛
碱类	氢氧化钠、氧化钙
酸类	有机酸（醋酸、硼酸）、无机酸（硫酸、盐酸）
卤素类	含氯石灰、二氯异氰尿酸钠、二氧化氯
过氧化物	过氧乙酸
混合物	复合酚

116 创口的消毒防腐应选用什么药物？

皮肤受损即成新鲜创口，如不进行消毒防腐处理，自然界中的病原微生物就会进入创口进行生长繁殖，使创口化脓成为陈旧创口，延缓愈合。因此，及时处理创口是十分重要的事。一般用75％的酒精或2％的碘溶液处理，效果较好。碘酊刺激性较强，使用后要用酒精抹去。

对于陈旧创口，必须用1％～3％的双氧水冲洗或0.1％高锰酸钾溶液冲洗，除去创口内脓汁和污物，然后用1％～2％龙胆紫溶液处理，因具有收敛作用，效果良好。对由于霉菌感染引起的皮肤炎症，一般选用3％～6％水杨酸类处理。

117 优氯净的消毒特点是什么？如何应用？

[作用与用途] 优氯净（二氯异氰尿酸钠）含有效氯60％～64.5％，有浓氯臭，性质稳定，在高热、潮湿地区贮存时，有效氯含量下降约1％。易溶于水，溶液呈弱酸性。水溶液稳定性较差，

在 20 ℃左右，1 周内有效氯约丧失 20％；在紫外线作用下更加速其有效氯的丧失。

优氯净杀菌谱广，对繁殖型细菌和芽孢、病毒、真菌孢子均有较强的杀灭作用。由于本品的水解常数较高，故其杀菌力较大多数氯胺类消毒药为强。溶液的 pH 愈低，杀菌作用愈强。加热可加强杀菌效力。有机物对杀菌作用影响较小。

优氯净主要用于厩舍、排泄物和水等消毒。有腐蚀和漂白作用。毒性与一般含氯消毒药相同。近年来报道，有机氯毒性的危害性大于无机氯，不主张在办公室应用。0.5％～1％水溶液用于杀灭细菌和病毒；5％～10％水溶液用于杀灭芽孢，临用前现配。可采用喷洒、浸泡和擦拭方法消毒，也可用其干粉直接处理排泄物或其他被污染物品。

［用法与用量］厩舍消毒，每平方米，常温 10～20 毫克，气温低于 0 ℃时 50 毫克。饮水消毒，每升水 4 毫克，作用 30 分钟。

118 戊二醛的用途是什么？使用时注意事项有哪些？

［作用与用途］戊二醛原为病理标本固定剂，近十多年来发现其碱性水溶液具有较好的杀菌作用。当 pH 为 7.5～8.5 时，作用最强，可杀灭细菌的繁殖体和芽孢、真菌、病毒，其作用较甲醛强2～10 倍。

戊二醛可用于动物厩舍及器具消毒。由于价格昂贵，目前多用于不宜加热处理的医疗器械、塑料及橡胶制品等的浸泡消毒。

［用法与用量］喷洒、浸泡消毒，配成 2％碱性溶液消毒15～20 分钟或放置至干。密闭空间内表面熏蒸消毒，配成 10％溶液，每立方米 1.06 毫升密闭过夜。

［注意事项］

（1）避免与皮肤、黏膜接触，如接触后应及时用水冲洗干净。

（2）使用过程中，不应接触金属器具。

119 **如何应用氢氧化钠进行消毒?**

[作用与用途] 氢氧化钠又名烧碱,属原浆毒,杀菌力强,能杀死细菌繁殖型、芽孢和病毒,还能皂化脂肪和清洁皮肤。2%溶液用于口蹄疫、猪瘟和猪流感等病毒性感染以及猪丹毒和鸡白痢等细菌性感染的消毒;5%溶液用于被炭疽芽孢污染的消毒。习惯上应用其加热溶液(热不仅能杀灭细菌和寄生虫卵,还可溶解油脂,加强去污能力,但并不增强氢氧化钠的杀菌效力),在消毒厩舍前应驱出家畜,消毒后6~12小时,再以水将饲槽和地面冲洗干净,才可让家畜进舍。用于圈舍地面、饲槽、车船、木器等消毒时应配成2%溶液。

[注意事项]

(1) 对组织有腐蚀性,能损坏织物和铝制品。

(2) 消毒人员应注意防护。

120 **强力消毒王的消毒特点是什么? 如何应用?**

强力消毒王是一种新型复方含氯消毒剂。主要成分为二氯异氰尿酸钠,并加入阴离子表面活性剂等,有效氯含量为≥20%,消毒杀菌力强,易溶于水,正常使用对人、畜无害,对皮肤、黏膜无刺激,无腐蚀性,并具有防霉、去污、除臭的效果,且性能稳定、持久、耐贮存;可带畜、禽喷雾消毒;对各种病毒、细菌和霉菌以及畜禽寄生虫虫卵均有较好的杀灭作用。

主要使用在水产养殖业上,用于治疗和预防鱼虾由细菌、病毒、寄生虫等所引起的疾病,治疗鱼的传染性出血病、细菌性肠炎、烂鳃、赤皮、打印、白头、白嘴、鳃霉病、中华鳋病有显著疗效,对虾养成期的烂眼、黑鳃、弧菌红腿、黑白斑点、聚缩虫等病,疗效甚佳,并对鱼塘有增氧、净水之功效。对蚕茧消毒有良好效果,并可治疗成蚕的僵死病及真菌感染引起的疾病。还可用于养殖用具的消毒,乳制品业的用具消毒及乳牛的乳头浸泡、防止链球菌或葡萄球菌感染的乳腺炎。

实际应用，根据消毒范围及对象，参考规定比例称取一定量的药品，先用少量水溶解成悬浊液，再加水逐步稀释到规定比例。

121 二氯异氰尿酸钠的消毒特点是什么？如何应用？

二氯异氰尿酸钠具有强烈的氯气刺激味，含有效氯在85%以上，水中的溶解度为1.2%，遇酸或碱易分解，是一种极强的氧化剂和氯化剂，具有高效、广谱、较为安全的消毒作用，对细菌、病毒、真菌、芽孢等都有杀灭作用，对球虫卵囊也有一定杀灭作用。

用于环境、饮水、畜禽饲槽等的消毒。用粉剂配制4～6毫克/千克浓度饮水消毒，用200～400毫克/千克浓度的溶液进行环境、用具消毒。

122 应用新洁尔灭消毒时应注意哪些问题？

新洁尔灭又名苯扎溴铵、溴苄烷胺，为常用的一种阳离子表面活性剂。具有杀菌和去污作用。0.1%溶液用于皮肤和术前手消毒（浸泡5分钟）、手术器械消毒（煮沸15分钟后浸泡30分钟）；0.01%溶液用于创面消毒；感染性创面宜用0.1%溶液局部冲洗后湿敷。

［注意事项］

（1）禁与肥皂及其他阴离子活性剂、盐类消毒药、碘化物和过氧化物等配合使用，术者用肥皂洗手后，务必用水冲净后再用本品。

（2）不宜用于眼科器械和合成橡胶制品的消毒。

（3）配制器械消毒液时，需加0.05%亚硝酸钠；其水溶液不得贮存于聚乙烯制作的容器内，以避免与增塑剂起反应而使药液失效。

（4）可引起人体药物过敏。

123 百毒杀有何用途？如何应用？

［作用与用途］百毒杀又名癸甲溴铵溶液，消毒作用比一般单链季铵盐化合物强数倍。能迅速渗入细胞膜，改变其通透性，因

此，具有较强的杀菌作用。对细菌、病毒及真菌都有杀灭作用。由于本品对人畜无毒、无刺激性和副作用，既可用于厩舍、饲喂器具、饮水等消毒，亦可用于传染病发生时的紧急消毒。此外，还可用于肉制品、乳制品及器械的消毒。

[用法与用量]圈舍、器具消毒，配成 0.015％～0.05％溶液。饮水消毒，配成 0.002 5％～0.005％溶液。

124 聚维酮碘的消毒作用有何特点？

聚维酮碘又名碘伏，为碘与聚乙烯吡咯烷酮的络合物，深棕色粉末，含碘量约为 10％，是一种高效低毒的杀菌药物。对细菌、病毒和真菌均有良好的杀灭作用，可用于圈舍、场地、器具、车辆、污染物的消毒。以 0.015％的水溶液（以有效碘计）用于环境、器具消毒。作用机理主要是通过不断释放游离碘，破坏菌体新陈代谢，而使细菌等微生物失活。用于手术部位、皮肤、黏膜消毒。

125 高锰酸钾的用途有哪些？使用时注意事项是什么？

[作用与用途]高锰酸钾又名灰锰氧。为强氧化剂，遇有机物、加热、加酸或碱等均即释出新生氧（非游离态氧，不产生气泡）呈现杀菌、除臭、解毒作用。在发生氧化反应时，其本身还原为棕色的二氧化锰，后者可与蛋白结合成蛋白盐类复合物，因此高锰酸钾在低浓度时对组织有收敛作用，高浓度时有刺激和腐蚀作用。

高锰酸钾的抗菌作用较过氧化氢强，但极易被有机物分解而作用减弱。在酸性环境中杀菌作用增强，如 2％～5％溶液能在 24 小时内杀死芽孢；在 1％溶液中加 1.1％盐酸，则能在 30 秒内杀死炭疽芽孢。0.1％～0.2％溶液能杀死多数繁殖型细菌，常用于创面冲洗；为减少对肉芽组织的刺激性，可用其 0.03％溶液。0.05％～0.1％溶液可用于冲洗膀胱、阴道和子宫等腔道黏膜。

吗啡、士的宁等生物碱、苯酚、水合氯醛和氯丙嗪等合成药，磷和氰化物等，均可被高锰酸钾氧化而失去毒性。临床上用 0.05％～0.1％溶液洗胃解毒。过去曾以 1％溶液用于冲洗毒蛇咬伤的局部解毒，但仅能破坏创口中的部分蛇毒毒液。5%溶液有较强的收敛、止血作用。

［注意事项］

（1）严格掌握不同适应证采用不同浓度的溶液；水溶液易失效，药液需新鲜配制，避光保存，久置变棕色而失效。

（2）由于高浓度的高锰酸钾对组织有刺激和腐蚀作用，不应反复用高锰酸钾溶液洗胃。

（3）误服可引起一系列消化系统刺激症状，严重时出现呼吸和吞咽困难、蛋白尿等。

（4）动物应用本品中毒后，应用温水或添加3%过氧化氢溶液洗胃，并内服牛奶、豆浆或氢氧化铝凝胶，以延缓吸收。

126 甲醛的用途有哪些？使用时注意事项是什么？

甲醛又称蚁醛，为无色气体，一般出售其溶液。甲醛溶液，即福尔马林（Formalin），含甲醛不得少于36.0%（克/克）。

［作用与用途］甲醛不仅能杀死细菌的繁殖型，也能杀死芽孢（如炭疽芽孢），以及抵抗力强的结核杆菌、病毒及真菌等。主要用于厩舍、仓库、孵化室、皮毛、衣物、器具等的熏蒸消毒，标本、尸体防腐；亦用于胃肠道制酵。消毒温度应在20℃以上。甲醛对皮肤和黏膜的刺激性很强，但不损坏金属、皮毛纺织物和橡胶等。甲醛的穿透力差，不易透入物品深部发挥作用。具滞留性，消毒结束后即应通风或用水冲洗，甲醛的刺激性气味不易散失，故消毒空间仅需相对密闭。

［注意事项］

（1）甲醛气体有强致癌作用，尤其肺癌，近年来已较少用于消毒。

（2）消毒后在物体表面形成一层具腐蚀作用的薄膜。

（3）动物误服大量甲醛溶液，应迅速灌服稀氨水解毒。

（4）药液污染皮肤，应立即用肥皂和水清洗。

第五章

作用于消化系统的药物

常用的助消化药有哪些？如何使用？

助消化药有酸类，包括稀盐酸、稀醋酸；酶类，包括胃蛋白酶、胰酶；微生物制剂类，包括干酵母、乳酶生等。

（1）稀盐酸　临床常用于因胃酸不足或缺乏引起的消化不良，食欲不振，胃内异常发酵以及马属动物急性胃扩张、碱中毒等。

［注意事项］

① 禁与碱类、盐类健胃药、有机酸、洋地黄及其制剂配合使用。

② 用前加 50 倍水稀释成 0.2％的溶液。

③ 用药浓度和用量不可过大，否则因食糜酸度过高，反射性地引起幽门括约肌痉挛，影响胃的排空，而产生腹痛。

［用法与用量］内服，一次量，马 10～20 毫升，牛 15～30 毫升，羊 2～5 毫升，猪 1～2 毫升，犬 0.1～0.5 毫升。

（2）稀醋酸　临床多用于治疗幼畜的消化不良，反刍动物的瘤胃臌气、前胃弛缓和马属动物的急性胃扩张等。

［注意事项］用前加水稀释成 0.5％左右浓度。

［用法与用量］内服，一次量，马、牛 10～40 毫升，羊、猪 2～10 毫升，犬 1～2 毫升。

（3）胃蛋白酶　临床常用于胃液分泌不足或幼畜因胃蛋白酶缺乏引起的消化不良。

［注意事项］

① 忌与碱性药物配合使用，温度超过 70 ℃时迅速失效，遇鞣

酸、重金属盐产生沉淀，有效期 1 年。

② 用前先将稀盐酸加水 50 倍稀释，再加入胃蛋白酶片，于饲喂前灌服。

［用法与用量］内服，一次量，马、牛 4 000～8 000 单位，羊、猪 800～1 600 单位，驹、犊 1 600～4 000 单位，犬 80～800 单位，猫 80～240 单位。

（4）胰酶　临床用于胰机能障碍如胰腺疾病或胰液分泌不足所引起的消化不良。

［注意事项］遇热、酸、强碱、重金属盐等易失效。

［用法与用量］内服，一次量，猪 0.5～1 克，犬 0.2～0.5 克。

（5）干酵母　临床用于动物的食欲不振，消化不良以及维生素 B 族缺乏症如多发性神经炎、酮血病等。

［注意事项］用量过大会发生轻度下泻。密封干燥处保存。

［用法与用量］内服，一次量，马、牛 30～100 克，羊、猪5～10 克。

（6）乳酶生　临床主要用于防治消化不良、肠内臌气和幼畜腹泻等。

［注意事项］

① 由于本品为活乳酸杆菌，故不宜与抗菌药物、吸附剂、酊剂、鞣酸等配合使用，以防失效。

② 应在饲喂前服药。

［用法与用量］内服，一次量，驹、犊 10～30 克，羊、猪2～4 克，犬 0.3～0.5 克，禽 0.5～1 克。

128 苦味健胃药如何使用？

（1）龙胆　临床主要用于治疗动物的食欲不振，消化不良或某些热性病的恢复期等。

［用法与用量］

① 龙胆末：内服，一次量，马、牛 15～45 克，羊、猪 6～15 克，犬 1～5 克，猫 0.5～1 克。

② 龙胆酊：内服，一次量，马、牛 50～100 毫升，羊 5～15 毫升，猪 3～8 毫升，犬、猫 1～3 毫升。

③ 复方龙胆酊（苦味酊）：内服，一次量，马、牛 50～100 毫升，羊、猪 5～20 毫升。

(2) 马钱子 临床作健胃药和中枢兴奋药时，用于治疗家畜的食欲不振、消化不良、前胃弛缓、瘤胃积食等，促进胃肠机能活动。

[注意事项]

① 本品所含的士的宁易被吸收，引起中枢兴奋，毒性较大，不宜生用，不宜多服久服，应用时严格控制剂量，连续用药不得超过 1 周，以免发生蓄积中毒。

② 孕畜禁用。

[用法与用量]

① 马钱子粉末：内服，一次量，马、牛 1.5～6 克，羊、猪 0.3～1.2 克。

② 马钱子流浸膏：内服，一次量，马1～2 毫升，牛 1～3 毫升，羊、猪 0.1～0.25 毫升，犬 0.01～0.06 毫升。

③ 马钱子酊：内服，一次量，马、牛 10～30 毫升，羊、猪 1～2.5 毫升，犬、猫 0.1～0.6 毫升。

(3) 大黄 临床常用作健胃药和泻药，如用于食欲不振、消化不良。

[用法与用量]

① 大黄末：内服，一次量，健胃，马 10～25 克，牛 20～40 克，羊 2～4 克，猪 1～5 克，犬 0.5～2 克；致泻，马、牛 100～150 克，驹、犊 10～30 克，仔猪 2～5 克，犬 2～4 克。

② 大黄流浸膏：内服，一次量，健胃，马 10～25 毫升，牛 20～40 毫升，羊 2～10 毫升，猪 1～5 毫升，犬 0.5～2 毫升；致泻，驹、犊 10～30 毫升，仔猪 2～5 毫升，犬 2～4 毫升。

③ 复方大黄酊：内服，一次量，牛 30～100 毫升，羊、猪 10～20 毫升，犬、猫 1～4 毫升。

129 芳香健胃药如何使用？

（1）肉桂 临床用于治疗风寒感冒，消化不良，胃肠臌气，产后虚弱，四肢厥冷等。

[注意事项] 出血性疾病及妊娠动物慎用，以免引起流产。

[用法与用量] 内服，一次量，马、牛15～30克，羊、猪3～9克。肉桂酊，内服，一次量，马、牛30～100毫升，羊、猫10～20毫升。

（2）干姜 临床用于机体虚弱，消化不良，食欲不振，胃肠胀气等。

[注意事项]

① 干姜对消化道黏膜有强烈的刺激性，使用其制剂时应加水稀释后服用，以减少对黏膜的刺激。

② 孕畜禁用，以免引起流产。

[用法与用量] 内服，一次量，马、牛15～30克，羊、猪3～10克，犬猫1～3克。姜流浸膏，内服，一次量，马、牛5～10毫升，羊、猪1.5～6毫升。姜酊，内服，一次量，马、牛40～60毫升，犬2～5毫升。

（3）小茴香 临床作健胃药，用于治疗消化不良，积食，胃肠臌气等。与氯化铵合用可用于去除浓痰，制止干咳。

[用法与用量] 内服，一次量，马、牛15～60克，羊、猪5～10克，犬、猫1～3克。小茴香酊，内服，一次量，马、牛40～100毫升，羊、猪15～30毫升。

130 盐类健胃药如何使用？

（1）氯化钠 临床用于食欲不振，消化不良以及早期大肠便秘等。

[注意事项] 动物中猪和家禽较敏感，易发生中毒。

[用法与用量] 内服，一次量，马10～25克，牛20～50克，羊5～10克，猪2～5克。

（2）人工盐　临床用于消化不良、胃肠弛缓、慢性胃肠卡他、早期大肠便秘等。

［注意事项］

① 因本品为弱碱性类药物，禁与酸类健胃药配合使用。

② 内服作泄剂应用时宜大量饮水。

［用法与用量］内服，一次量，健胃，马 50～100 克，牛 50～150 克，羊、猪 10～30 克，兔 1～2 克。缓泻，马、牛 200～400 克，羊、猪 50～100 克，兔 4～6 克。

（3）碳酸氢钠　临床作酸碱平衡药，用于健胃、胃肠卡他、酸中毒和碱化尿液等。

［注意事项］本品为弱碱性药物，禁止与酸性药物混合应用。在中和胃酸后，可继发性引起胃酸过多，因此一般认为碳酸氢钠不是一个良好的制酸药。

［用法与用量］内服，一次量，马 15～60 克，牛 30～100 克，羊 5～10 克，猪 2～5 克，犬 0.5～2 克。

131 瘤胃兴奋药浓氯化钠注射液怎么使用？

［作用与用途］浓氯化钠注射液为氯化钠的高渗灭菌水溶液，静脉注射后能短暂抑制胆碱酯酶活性，出现胆碱能神经兴奋的效应，可提高瘤胃的运动。血中高氯离子（Cl^-）和高钠离子（Na^+）能反射性兴奋迷走神经，使胃肠平滑肌兴奋，蠕动加强，消化液分泌增多。尤其在瘤胃机能较弱时，作用更加显著。一般用药后 2～4 小时作用最强。

临床用于反刍动物前胃弛缓、瘤胃积食，马属动物胃扩张和便秘疝等。

［用法与用量］静脉注射，一次量，家畜每千克体重 1 毫升。

［注意事项］

① 静脉注射时不能稀释，速度宜慢，不可漏至血管外。

② 心力衰竭和肾功能不全患畜慎用。

132 甲硫酸新斯的明有何用途？如何使用？

[作用与用途] 甲硫酸新斯的明为抗胆碱酯酶类药，能可逆性地抑制胆碱酯酶，对胃肠和膀胱平滑肌的作用强，能增强胃肠平滑肌的活动，促进蠕动和分泌，加强瘤胃反刍。此外，对骨骼肌的运动终板 N_2 受体有直接作用，促进运动神经末梢释放乙酰胆碱，从而加强骨骼肌的收缩。

临床主要用于胃肠弛缓、轻度便秘、子宫收缩无力、子宫蓄脓、胎衣不下，以及重症肌无力和尿潴留等。

[用法与用量] 肌内、皮下注射，一次量，马 4～10 毫克，牛4～20 毫克，羊、猪 2～5 毫克，犬 0.25～1 毫克。

[注意事项]

(1) 机械性肠道梗阻病畜及孕畜禁用。

(2) 发生中毒时，可用阿托品解救。

133 氯化氨甲酰甲胆碱有何用途？如何使用？

氯化氨甲酰甲胆碱能直接作用于胆碱受体，出现胆碱能神经兴奋的效应。其治疗剂量对胃肠、子宫、膀胱等平滑肌的效应较强。常用于前胃弛缓、瘤胃积食、反刍微弱、结肠便秘、胎衣不下、排除死胎等。

[用法与用量] 皮下注射，马、牛 1～2 毫克，猪、羊 0.25～0.5 毫克。

134 制酵药鱼石脂怎么使用？

[作用与用途] 鱼石脂有较弱的抑菌作用和温和的刺激作用，内服能制止发酵、祛风和防腐，促进胃肠蠕动。外用时具有局部消炎作用。

临床用于胃肠道制酵，治疗瘤胃臌胀、前胃弛缓、胃肠臌气、急性胃扩张以及大肠便秘等。

[用法与用量] 内服，一次量，马、牛 10～30 克，羊、猪 1～5 克。

［注意事项］

（1）临用时先加 2 倍量乙醇溶解后再用水稀释成 3%～5% 的溶液灌服。

（2）禁与酸性药物如稀盐酸、乳酸等混合使用。

135 制酵药二甲硅油怎么使用？

二甲硅油的表面张力低，内服后能迅速降低瘤胃内泡沫液膜的表面张力，使小泡沫破裂而成为大泡沫。产生消除泡沫作用。本品消沫作用迅速，用药后 5 分钟内产生效果，15～30 分钟作用最强。治疗效果可靠、作用迅速，几乎没有毒性。

临床主要用于治疗反刍动物的瘤胃臌胀，特别是泡沫性臌气等。

［用法与用量］内服，一次量，牛 3～5 克，羊 1～2 克。

［注意事项］用时配成 2%～5% 乙醇或煤油溶液，通过胃管灌服。灌服前后宜注入少量温水以减少刺激。

136 止泻药药用炭怎么使用？

［作用与用途］药用炭颗粒极小，并有很多微孔，其表面积极大，因此具有强大的吸附作用；能吸附气体、固体和液体，被吸附的物质不改变其化学性质。内服后能吸附肠内各种化学刺激物、毒物和细菌毒素等；同时能在肠壁上形成一层药粉层，可减轻肠内容物对肠壁的刺激，使肠蠕动减少，从而起止泻作用。

常用于生物碱等中毒及肠炎、腹泻、胃肠臌气等。

［用法与用量］内服，一次量，马 20～150 克，牛 20～200 克，羊 5～50 克，猪 3～10 克。

［注意事项］

（1）能吸附其他药物，影响其作用。

（2）能影响消化酶的活性。

137 碱式硝酸铋怎么使用？

［作用与用途］碱式硝酸铋不溶于水，内服后大部分可在肠黏

膜上与蛋白质结合成难溶的蛋白盐，形成一层薄膜以保护肠壁，减少有害物质的刺激。同时，在肠道中还可以与硫化氢结合，形成不溶性的硫化铋，覆盖在肠黏膜表面也呈现机械性保护作用，也减少了硫化氢对肠道的刺激反应，使肠道蠕动减慢，出现止泻作用。此外，碱式硝酸铋能少量缓慢地释放出铋离子，铋离子与细菌或组织表面的蛋白质结合，故具有抑制细菌生长繁殖和防腐消炎作用。

临床常用于胃肠炎和腹泻症。

［用法与用量］内服，一次量，马、牛 15～30 克，羊、猪、驹、犊 2～4 克。

［注意事项］在治疗肠炎和腹泻时，可能因肠道中细菌如大肠杆菌等可将硝酸离子还原成亚硝酸而中毒，目前多改用碱式碳酸铋。

第六章

作用于生殖系统的药物

 **丙酸睾酮有何作用？如何使用？**

[作用与用途] 丙酸睾酮是天然雄激素睾酮的酯化衍生物，药理作用与睾酮相同，主要表现在以下几个方面。

（1）对生殖系统的作用 促进雄性生殖器官的发育，维持其机能与保持第二性征，也是正常精子的发生和成熟过程，以及精囊和前列腺分泌功能所必需。同时兴奋中枢神经系统，引起性欲和性兴奋。大剂量雄激素抑制垂体分泌促性腺激素，从而抑制精子的生成。此外，还能对抗雌激素的作用，抑制母畜发情。

（2）同化作用 雄激素或同化激素有较强的促进蛋白质合成代谢作用（同化作用），能使肌肉和体重增加。促进钙磷在骨组织中沉积，加速骨钙化和骨生长。

（3）兴奋骨髓造血功能 骨髓功能低下时，大剂量的雄激素可以刺激骨髓造血机能，通过促进红细胞生成素产生，直接刺激骨髓正铁血红素的合成。

（4）其他 雄激素能促进免疫球蛋白的合成，增强机体的免疫机能和抗感染的能力。

临床主要用于雄性激素缺乏所致隐睾症，成年公畜激素分泌不足的性欲缺乏，诱导发情，以及中止雌性动物持续发情。

天然雄激素内服易在肝中失活，而丙酸睾酮内服后有部分被肝脏灭活，临床上多用其注射或皮下埋植药，因其吸收慢而持效时间长。

[用法与用量] 肌内、皮下注射，家畜每千克体重0.25～0.5

毫克，每 2～3 天注射 1 次。

［注意事项］

（1）雄激素具有水钠潴留作用，心功能不全病畜慎用。

（2）休药期，宰前 21 天。

139 雌二醇有何作用？如何使用？

［作用与用途］雌二醇药理作用表现在以下几个方面：

（1）对生殖系统作用　雌二醇能促进雌性未成年动物性器官的形成和第二性征的发育，如子宫、输卵管、阴道和乳腺发育与生长；对成年动物除维持第二性征外又能使其阴道上皮组织、子宫平滑肌、子宫内膜增生和子宫收缩力增强，提高生殖道防御机能。

（2）催情　雌二醇能促进母畜发情，以牛最为敏感。能为卵巢机能正常而发情不显著的母畜催情。但大剂量长期应用可抑制发情与排卵。

（3）对乳腺的作用　可促进乳房发育和泌乳，但大剂量使用时可抑制泌乳。

（4）对代谢的影响　雌二醇可增加食欲，促进蛋白质合成，加速骨化，促进水钠潴留。此外尚有促进凝血作用。

（5）抗雄激素作用　雌二醇能抑制雄性动物雄性激素的释放而发挥抗雄激素作用。

临床使用雌二醇能使子宫收缩，子宫颈松弛，可促进炎症产物、脓肿、胎衣及死胎排出，可配合催产素用于催产；小剂量用于发情不明显动物的催情。

［用法与用量］雌二醇属天然雌激素，内服在肠道易吸收，但易受肝脏破坏而失活，故内服效果远较注射为差。

肌内注射，一次量，马 10～20 毫克，牛 5～20 毫克，羊 1～3 毫克，猪 3～10 毫克，犬 0.2～0.5 毫克。

140 前列腺素 $F_{2\alpha}$ 有何作用？如何使用？

［药理与作用］前列腺素 $F_{2\alpha}$ 对生殖、心血管、呼吸、消化及其

他系统具有广泛的作用。

（1）生殖系统

① 溶解黄体：是前列腺素 $F_{2\alpha}$ 最主要的生理作用。

② 影响排卵：前列腺素 $F_{2\alpha}$ 能刺激卵泡壁平滑肌收缩和引起血液中促黄体激素（LH）增高，具有促进排卵的作用。

③ 影响受精卵的运行：前列腺素 $F_{2\alpha}$ 能使输卵管各段肌肉收缩，加速卵子由输卵管向子宫运行，使其无法受精。

④ 刺激子宫平滑肌收缩：前列腺素 $F_{2\alpha}$ 对子宫肌具有强烈刺激作用，对各期子宫均有收缩作用，以妊娠晚期子宫最为敏感。

（2）心血管系统　可提高心率、心收缩力，以及收缩血管和引起血压升高。

（3）呼吸系统　能使气管、支气管平滑肌收缩、扩张支气管。

（4）消化系统　能引起肠道兴奋，增强蠕动，促进肠液的分泌，抑制肠道内水分和电解质的吸收，导致腹泻。此外，还能抑制胃酸的分泌。

（5）神经系统　前列腺素 $F_{2\alpha}$ 是致痛性物质，能兴奋脊髓，升高体温，加强植物神经系统的传导等。

［用途］

（1）猪

① 控制分娩：在妊娠第 112 天，注射前列腺素 $F_{2\alpha}$ 后 20 小时，再给予催产素 5～30 单位，可使 78%（5 单位）、82%（10 单位）和 100%（20 单位）的足月母猪分娩，但催产素剂量过大（20～30 单位）会导致难产，故一般催产素的剂量宜低于 10 单位。

② 维护母仔健康：母猪产后 24～48 小时内，应用前列腺素 $F_{2\alpha}$ 可促进子宫收缩，恶露完全排出，加速子宫恢复，防止子宫炎、乳房炎和少乳症的发生，降低仔猪死亡率，增加仔猪断奶重，提高母猪发情率和受胎率，增加下一次分娩的存活仔数。

③ 诱导流产：自妊娠 12～14 天后给予前列腺素 $F_{2\alpha}$ 能有效地诱导流产。

④ 控制发情周期。

（2）牛 发情不明显；持久黄体；排卵延迟；不排卵；多卵泡发育和排卵；卵巢囊肿；诱发分娩；诱导流产；子宫内膜炎；子宫积脓；胎儿干尸化；剖腹产胎衣不下。马、羊亦可参照此应用。

在公畜繁殖上，前列腺素 $F_{2\alpha}$ 可增加精子的射出量和提高人工授精的效果。

[用法与用量] 肌内注射，一次量，牛 25 毫克，猪 10 毫克。

[注意事项]

（1）前列腺素 $F_{2\alpha}$ 能引起平滑肌兴奋，并有出汗、腹泻或疝痛等不良反应。

（2）用于子宫收缩时，剂量不宜过大，以防止子宫破裂。

（3）不需引产的孕畜禁用，以免引起流产或早产。

（4）患急性或亚急性心血管系统、消化系统和呼吸系统疾病的动物禁用。

（5）禁止静脉注射。

（6）屠宰前 24 小时停药。

141 氯前列烯醇有何作用？如何使用？

[作用与用途] 氯前列烯醇可引起黄体形态和功能的退化（黄体溶解）。直接刺激子宫平滑肌引起收缩，同时使子宫颈松弛。对非妊娠动物，于用药后 2～5 天内发情，在妊娠 10～150 天内的妊娠母牛，用药后 2～3 天内出现流产。

临床主要用于牛、猪的黄体溶解。也用于隐性发情或未观测到的发情、子宫积脓、慢性子宫内膜炎、排干尸化胎儿、终止误配所致的妊娠（流产）、同期发情和同期分娩。

[用法与用量] 肌内注射，一次量，马 100 微克，牛 500 微克，羊 62.5～125 微克，猪 175 微克。

[注意事项]

（1）密封，避光于室温中保存。

（2）除非流产和引产，本品禁用于妊娠动物。

（3）妊娠 5 个月后应用本品，会造成动物难产。

（4）禁止静脉注射。

（5）能增强其他催产类药物的作用。

（6）本品能迅速由皮肤吸收，沾污皮肤后立即用肥皂水冲洗。

142 马来酸麦角新碱如何使用？

[作用与用途] 马来酸麦角新碱能选择性地作用于子宫平滑肌，妊娠子宫尤为敏感。对临产和产后的子宫作用最强。它与垂体后叶素主要区别在于它对子宫体和子宫颈都具兴奋效应，剂量稍大，就可引起强直性收缩，故不用于催产或引产。主要用于产后出血、子宫复旧、胎衣不下等症。

[注意事项] 胎儿未娩出前禁用。

[用法与用量] 肌内、静脉注射，一次量，马、牛5～15毫克，羊、猪0.5～1.0毫克。

143 催产素如何使用？

[作用与用途] 催产素能兴奋子宫，作用同垂体后叶素。此外缩宫素能促进乳腺腺泡和腺导管周围的肌上皮细胞收缩，促进排卵。

临床用于产前子宫收缩无力时催产、引产及产后出血、胎衣不下和子宫复旧不全的治疗。

[用法与用量] 皮下、肌内注射，一次量，马、牛30～100单位，羊、猪10～50单位。

144 垂体后叶素如何使用？

垂体后叶素内含缩宫素和加压素，对子宫平滑肌的选择性不如缩宫素，小剂量时可引起妊娠后期子宫节律性收缩。雌激素能加强子宫平滑肌对缩宫素的敏感性。妊娠末期雌激素水平升高，子宫对缩宫素反应更强。缩宫素还能加强乳腺腺泡周围肌上皮细胞的收缩。松弛大的乳管和乳池周围的平滑肌使泡腔的乳迅速进入乳导管和乳池，引起排乳。垂体后叶素中的加压素能增强肾脏远曲小管及集合管对水的重吸收，使尿量显著减少。它还能收缩毛细血管小动脉，对未妊娠子宫有兴奋作用，对妊娠子宫反而不强烈。

[用途]　主要用于催产、产后子宫出血、促进子宫复原、排乳等。

[用法与用量]　肌内、静脉注射，马、牛 50～100 单位，羊、猪 10～50 单位。

[注意事项]

（1）产道阻塞、胎位不正、骨盆狭窄、子宫颈未开放的家畜禁用。

（2）本品可引起过敏反应，用量大时可引起血压升高、少尿及腹痛。

（3）性质不稳定，应避光、密闭、阴凉处保存。

145 为什么选用脑垂体后叶制剂而不能选用麦角制剂催产？

垂体后叶素小剂量使子宫产生节律性的收缩，大剂量使子宫产生强直性收缩，对子宫颈作用小，而对子宫体作用强。

马来酸麦角新碱能选择作用于子宫平滑肌，妊娠子宫尤为敏感。对临产和产后的子宫作用为最强。它与垂体后叶素主要区别在于它对子宫体和子宫颈都具兴奋效应，剂量稍大，就可引起强直性收缩，故不用于催产或引产。

临床应用，垂体后叶素主要用于子宫阵缩微弱引起的难产和产后疾病，如子宫复旧不全、胎衣不下、死胎滞留、产后子宫出血等。麦角新碱主要用于产后疾病，如产后子宫出血、子宫复旧不全、子宫弛缓、子宫内膜炎等。

作用于心血管系统的药物

146 作用于心血管系统的药物可分为哪几类？各类代表药物有哪些？

作用于心血管系统的药物可分为：

（1）强心药 包括洋地黄毒苷、地高辛、毒毛花苷 K、去乙酰毛花苷等。

（2）抗贫血药 包括硫酸亚铁、枸橼酸铁铵、富马酸亚铁、右旋糖苷铁等。

（3）止血药与抗凝血药 止血药包括肾上腺色腙、维生素 K_3、硫酸鱼精蛋白、酚磺乙胺、氨甲环酸、吸收性明胶海绵等。抗凝血药包括肝素钠、枸橼酸钠。

147 强心药洋地黄毒苷如何使用？使用时注意事项有哪些？

［作用与用途］洋地黄毒苷对心脏具有高度选择作用，治疗剂量能明显地加强衰竭心脏的收缩力（即正性肌力作用），使心肌收缩敏捷，并通过植物神经介导，减慢心率和房室传导速率。在洋地黄毒苷作用下，衰竭的心功能得到改善，使流经肾脏的血流量和肾小球滤过功能加强，产生利尿作用，从而使慢性心功能不全时的各种临床表现（如呼吸困难及浮肿等）得以减轻或消失。中毒剂量则因抑制心脏的传导系统和兴奋异位节律点而发生各种心律失常的中毒症状。

洋地黄毒苷具有严格的适应证，兽医临床主用于治疗马、牛、犬等充血性心力衰竭，心房纤维性颤动和室上性心动过速等。

服用苯妥因钠、巴比妥钠、保泰松、利福平，会使血中洋地黄毒苷浓度降低，故合用时需加警惕。

[用法与用量]　洋地黄毒苷传统用法常分为两步，即首先在短期内（24～48小时）应用足量，使血中迅速达到预期的治疗浓度，称为洋地黄化，所用剂量称全效量，然后每天继续用较小剂量以维持疗效，称为维持量。

全效量的给药方法有两种：

（1）缓给法　将全效量分为8次内服，每8小时一次。首次剂量应占全效量的1/3，第2次占1/6，以后各次均占1/12。本法适用于病情不太严重的患畜。

（2）速给法　首次内服全效量的1/2，每6小时一次，第二次为1/4，以后各次均为1/8。本法适用于严重病畜。速给法也可选用洋地黄毒苷注射液，首次缓慢静注全效量的1/2，以后每2小时静注一次，剂量为全效量的1/10～1/8，待呈药效后，改用维持量。

内服每千克体重洋地黄化剂量，马、牛0.03～0.06毫克，每天2次，连用1～2天；维持剂量，马、牛0.01毫克，每天1次。

[注意事项]

（1）洋地黄毒苷安全范围窄，应用时应监测心电图变化，以免发生毒性反应。用药后，一旦出现精神抑郁、共济失调、厌食、呕吐、腹泻、严重虚脱、脱水和心律不齐等症状时，应立即停药。

（2）若在过去10天内用过其他洋地黄毒苷，使用时剂量应减少，以免中毒。

（3）肝、肾功能障碍患畜应酌减。

（4）低血钾能增加洋地黄毒苷药物对心脏的兴奋性，引起室性心律不齐，亦可导致心脏传导阻滞。高渗葡萄糖、排钾性利尿药均可降低血钾水平，须加注意。适当补钾可预防或减轻洋地黄毒苷的毒性反应。

（5）除非发生充血性心力衰竭，处于休克、贫血、尿毒症等情况下动物亦不应使用此类药物。

（6）在用钙盐或拟肾上腺素类药物（如肾上腺素）时，使用洋地黄毒苷应慎重。

（7）心内膜炎、急性心肌炎、创伤性心包炎等情况下慎用洋地黄毒苷类药物。

（8）在期前房性收缩、室性心搏过速或房室传导过缓时禁用。

148 止血药维生素 K_3 如何使用？使用时注意事项有哪些？

[作用与用途] 维生素 K_3 主要用于：

（1）家畜维生素 K 缺乏所致的出血。

（2）预防幼雏的维生素 K 缺乏及治疗禽类维生素 K 缺乏所致的出血症。

（3）防治因长期内服广谱抗菌药引起的继发性维生素 K 缺乏性出血症。

（4）治疗胃肠炎、肝炎、阻塞性黄疸等导致的维生素 K 缺乏和低凝血酶原症，牛、猪摄食含双香豆素的霉烂变质的草木樨，以及由于水杨酸钠中毒所致的低凝血酶原血症。

（5）解救杀鼠药"敌鼠钠"中毒，宜用大剂量。

[用法与用量] 肌内注射，一次量，马、牛 100～300 毫克，羊、猪 30～50 毫克，禽 2～4 毫克。每天注射 2～3 次。

[药物相互作用] 巴比妥类药物在肝脏能增加药物代谢酶的合成，促使维生素 K 代谢加速而迅速失效，二者不宜合用。

[注意事项]

（1）维生素 K_3 可损害肝脏，肝功能不良病畜应改用维生素 K_1。

（2）临产母畜大剂量应用，可使新生仔畜出现溶血、黄疸或胆红素血症。

149 安络血如何使用？使用时注意事项有哪些？

[作用与用途] 安络血具有增强毛细血管对损伤的抵抗力，促进断裂毛细血管端的回缩，降低毛细血管的通透性，减少血液外渗等作用。曾用于毛细血管损伤所致的出血性疾患，如鼻出血，内脏出血、血尿，视网膜出血、手术后出血及产后出血等。后因疗效可疑，因而目前少用。

[用法与用量] 肌内注射，一次量，马、牛 25～100 毫克，羊、猪 10～20 毫克。每天注射 2～3 次。

[注意事项]

（1）本品含水杨酸，长期反复应用可产生水杨酸反应。

（2）禁与脑垂体后叶素、青霉素 G、盐酸氯丙嗪混合注射。

（3）抗组胺药物能抑制安络血作用，联合应用时，应间隔 48 小时。

（4）本品不影响凝血过程，对大出血、动脉出血疗效差。

150 抗凝血药肝素钠使用时有哪些注意事项？

肝素钠在体内外均有抗凝血作用，可延长凝血时间、凝血酶原时间和凝血酶时间。另外，肝素还有清除血脂和抗脂肪肝的作用。肝素钠内服无效，须注射给药。静脉注射后均匀分布于白细胞和血浆，很快进入组织，并与血浆、组织蛋白结合。在肝脏被代谢，经肾排除。其生物半衰期变异较大，并取决于给药剂量和给药途径。

[作用与用途] 主要用于：

（1）马和小动物的弥散性血管内凝血的治疗。

（2）各种急性血栓性疾病，如手术后血栓的形成、血栓性静脉炎等。

（3）输血及检查血液时体外血液样品的抗凝。

（4）各种原因引起的血管内凝血。

[用法与用量] 肌内、静脉注射，每千克体重，马、牛、羊、猪 100～130 单位，犬 150～250 单位，猫 250～375 单位。

体外抗凝，每 500 毫升血液用肝素钠 100 单位。

实验室血样，每毫升血样加肝素 10 单位。

动物交叉循环，肌内注射，每千克体重，黄牛 300 单位。

［注意事项］

（1）本品刺激性强。肌内注射可致局部血肿，应酌量加 2％盐酸普鲁卡因溶液。

（2）用量过多可致自发性出血，表现为全身黏膜出血和伤口出血等，如引起严重出血可静脉注射硫酸鱼精蛋白进行对抗。通常 1 毫克鱼精蛋白在体内可中和 100 单位肝素钠。

（3）禁用于出血性素质和伴有血液凝固延缓的各种疾病，慎用于肾功能不全动物，孕畜，产后、流产、外伤及手术后动物。

（4）肝素化的血液不能用作同类凝集、补体和红细胞脆性试验。

（5）与碳酸氢钠、乳酸钠并用，可促进肝素抗凝作用。

151 抗贫血药右旋糖苷铁如何使用？注意事项有哪些？

［作用与用途］右旋糖苷铁适用于重症缺铁性贫血或不宜内服铁剂的缺铁性贫血。兽医临床常用于仔猪缺铁性贫血。

［用法与用量］内服或肌内注射，一次量，仔猪 100～200 毫克。

［注意事项］

（1）严重肝、肾功能减退患畜忌用。

（2）肌内注射时可引起局部疼痛，应深部肌内注射。

（3）注射用铁剂极易过量而致中毒，故需严格控制剂量。

（4）需冷藏，久置可发生沉淀。

152 铁制剂有何用处？怎样使用？使用应注意些什么问题？

铁是红细胞成熟阶段所需的血红蛋白的必需物质，缺乏铁时，血红蛋白形成减少，则发生缺铁性贫血。铁制剂主要用于治疗缺铁性贫血，临床上常见的缺铁性贫血有哺乳仔猪贫血和家畜慢性失血性贫血。常通过口服或注射给药。在对缺铁性贫血进行铁剂治疗时，还应根据具体情况同时补充铜、钴等微量元素，促进对铁的利用。此外，还应改善饲养，增加蛋白质的供给，为形成血红蛋白提供足够的原料。

应用铁制剂时应注意下列问题：

（1）内服时配合使用维生素C、稀盐酸或含铜离子的物质，以促进铁的吸收。

（2）禁止与含钙、磷、镁的物质及四环素配伍用。

（3）禁用于消化道溃疡、肠炎等患畜。

（4）饲后投药、减轻对胃肠道的刺激。

第八章

维生素及矿物质元素

153 应用维生素应注意哪些问题？

维生素是动物机体进行正常代谢所必需的营养物质。多数维生素是某些酶的辅酶的组成成分，这些酶在物质代谢中起着重要的催化作用。维生素在动物体内一般不能合成，而必须从外界主要是从饲料中获得，缺乏时不仅影响畜禽的生长，还会引起维生素的缺乏症，在兽医临床上，用维生素治疗时必须注意：

（1）维生素制剂的最主要的适应证是维生素缺乏症，缺乏症在畜禽的生长中可能是很普遍的，但是通常其典型的缺乏症很少，而慢性缺乏症较多，甚至没有什么症状，只是表现生长发育较差，因而临床上应仔细鉴别症状，适当应用维生素制剂，并观察其症状是否有所好转。

（2）维生素制剂已大量应用于非维生素缺乏症，如维生素用于增强对传染病及毒物的抵抗力，维生素 D 用于治疗骨折等，这些治疗有一些还有道理，也有些并无什么意义，因而在使用中不应盲目乱用维生素制剂。

（3）维生素制剂的应用剂量不要无限的增大，近年来维生素制剂的大剂量应用，已有滥用趋势，其后果是弊多利少，如过量使用脂溶性维生素 A 和维生素 D，常可引起中毒，大量应用维生素 C 也已发现有不良反应，因而在治疗中应掌握好用量，不可滥用。

（4）在用维生素制剂进行治疗时，不能单依靠维生素的作用，还要在畜禽饲养管理方面进行改善，增加或补饲富含维生素的青绿饲草和营养完全的配合饲料。

154 维生素缺乏与用药有什么关系？

临床上应用某些药物时常会造成维生素吸收减少或使维生素类药物的药效减弱而导致维生素的缺乏。

大多数抗生素类药物如青霉素 G、链霉素、四环素族、新霉素、螺旋霉素等，在治疗中引起口干，口腔溃疡，咽痛，舌炎，黑舌苔、口角炎等及类似糙皮病的皮炎等，维生素 B 族缺乏症最为常见。当服用上述抗生素（尤其长期或大剂量应用）时，会抑制肠内产生 B 族维生素和维生素 K 的微生物的生长，因而引起这些维生素的缺乏症。

四环素还可以引起组织中维生素 C 的去饱和，使血中维生素 C 的含量明显减低。

新霉素抑制胰脂酶，使胆盐失活及损伤黏膜，从而降低维生素 A 的吸收。还能与胆酸（脂溶性物质的乳化剂）形成络合物而影响维生素 A 吸收。

磺胺类药物能抑制肠内产生 B 族维生素和维生素 K 等微生物的生长，因而妨碍维生素 B、维生素 K 及其他 B 族维生素在肠内的合成。

异烟肼、环丝氨酸、L-多巴胺、D-青霉胺、四环素等广谱抗菌药均可导致维生素 B$_6$ 缺乏。四环素、阿司匹林、酚酞及抗惊厥药可致维生素 C 缺乏。液状石蜡、酚酞、抗惊厥药、泼尼松可致维生素 D 缺乏。液状石蜡、消胆胺还可致维生素 A 缺乏。

155 大剂量维生素 A 和糖皮质激素类药物用于抗炎恰当吗？

维生素 A 是维持上皮组织正常机能所必需的物质。当机体缺乏维生素 A 时，上皮细胞角化、变性、增殖。如角膜、结膜、呼吸道、泌尿道等黏膜的上皮异常角化，可使抵抗力降低，易于感染。此时若给予维生素 A，就能增强机体对炎症的抵抗力。但炎症过程往往是细胞内溶酶体膜破裂，使包含在溶酶体中的多种不活化的蛋白水解酶游离活化，释放致炎物质，从而对细胞产生刺激反应的结果。有人认为大剂量维生素 A 可增强溶酶体脂蛋白的通透性，降低其稳定性，甚至可使溶酶体中水解酶外溢。

糖皮质激素类药物具有很强的抗炎作用，能抑制感染性和非感染性炎症。然而，可的松类药物是通过稳定溶酶体膜，阻止蛋白质水解酶外溢而引起抗炎作用的。因此，糖皮质激素类药物与大剂量维生素 A 同时用以抗炎是不恰当的。

156 维生素 B_1 与大黄苏打片同服治疗胃酸过多、消化不良等合适吗？

维生素 B_1 能维持心脏、神经及消化系统的正常功能，促进碳水化合物在人体内的代谢，多量摄取食物时，必须伴有维生素 B_1，否则容易发生食欲不振、消化不良等症状。大黄苏打片含碳酸氢钠及大黄粉，薄荷油适量，有抗酸、健胃作用，用于胃酸过多、消化不良、食欲不振等。两药同服，由于大黄中含鞣质，与维生素 B_1 可以形成永久的结合，使其从体内排出，失去疗效。因此，两药不宜同服。

157 治疗动物贫血时，为什么维生素 C 常与相应的治疗药物配合使用？

维生素 C 与铁络合可形成不稳定的抗坏血酸亚铁，有利于铁在肠道内的吸收。

维生素 C 的存在，可使铁从其他结合物中释放出来，并能促使 Fe^{3+} 还原为 Fe^{2+} 而易于被吸收。

维生素 C 能将血浆运铁蛋白中的 Fe^{3+} 还原成 Fe^{2+}，然后再以铁蛋白—Fe^{3+} 的形式储存；储存铁蛋白时，也需要维生素 C 才能完成。

维生素 C 还能使亚铁络合酶等的巯基处于活性状态，以便有效地发挥作用。此外，叶酸在体内还原为四氢叶酸时也需要维生素C参与。故维生素C成为治疗贫血的重要辅助药物。

158 维生素C可否与维生素B_2配伍应用？

维生素B_2为两性物质，其氧化性大于还原性，还具有生物碱样物质。维生素C具有强烈的还原性，最适宜的pH为5~6，在水溶液中尤其当溶液呈碱性时易被氧化。当维生素C与维生素B_2配伍混合口服时，会发生氧化还原反应而失去应有疗效。此外，如存在碱或微量铁、铜等离子时，对维生素C的氧化反应均有催化作用。故铁盐、氧化剂、重金属盐（尤其铜盐）忌与维生素C配伍应用。

159 维生素C的作用是什么？临床有何用途？

维生素C又名抗坏血酸，在体内参与多种反应，如参与氧化还原过程，在生物氧化和还原作用以及细胞呼吸中起重要作用。从组织水平看，维生素C的主要作用是与细胞间质的合成有关，包括胶原、牙和骨的基质，以及毛细血管内皮细胞间的接合物。因此，当维生素C缺乏引起坏血病时，伴有胶原合成缺陷，表现为创伤难以愈合，牙齿形成障碍和毛细血管破损引起大量瘀血点，瘀血点融合形成瘀斑。此外，维生素C还可减少毛细血管的通透性，减低毛细血管的脆性，增加血管弹性，刺激造血功能，加速红细胞的生长。具有中和毒素，促进抗体生成，增强机体的解毒功能及对传染病的抵抗力。具有抗组胺作用及阻止致癌物质亚硝胺生成的作用。

维生素C在临床中常用于急性传染病或毒物中毒如汞、砷、铅等，或其他毒物中毒，也可用于一些过敏性疾病如荨麻疹等的治疗或辅助治疗。本品为氧化还原剂，具有一定酸性，故不宜与碳酸氢钠等碱性药物混合配伍，也不宜与四环素类、青霉素类等混合配伍。

维生素C还可用于促进伤口愈合。维生素C可促进胶原纤维与组织黏合质的形成，促使伤口的愈合，故维生素C可作为处理任何损伤（如烧伤、骨折、手术后等）的一种常规给药。

160 维生素C变色后是否仍可使用?

维生素C是一种强还原剂,易被氧化而变黄色甚至棕色,尤其是暴露于空气中和潮湿环境中更易分解成为有害物质。故维生素C保存过程中应强调避光、密闭。

关于维生素C的变色过程,一般认为先由还原性的抗坏血酸氧化成去氢抗坏血酸,但去氢抗坏血酸很不稳定,易水解生成2,3-二酮基古罗酸(钠盐呈黄色),且可再进一步氧化为太罗酸和草酸,不但失去了维生素C的药理作用,而且成了有害物质。因此,凡是氧化变色的维生素C不应再供临床使用。

161 口服补液盐由哪些成分组成? 如何应用?

[作用机理] 口服补液盐(ORS)由葡萄糖20克、氯化钠3.5克、碳酸氢钠25克、氯化钾1.5克均匀混合制成。性状为白色粉末。口服后可以扩充血容量,调节体内电解质及酸碱平衡,改善心血管机能,提高全身各脏器的血液灌注,提高机体的解毒和抵抗能力。其作用机理是:钠盐可以调节细胞外液的渗透压和容量,参与酸碱平衡的调节,维持神经肌肉功能,是生长、繁殖的主要营养因素。如缺乏可导致食欲和消化机能减退,生长受阻,运动失调,心律不齐。钾盐有维持细胞内渗透压和机体酸碱平衡,参与机体代谢,维持神经肌肉兴奋性和心脏自动节律作用。碳酸氢钠构成体液缓冲体系中的缓冲碱,在体内电离,并与氢离子结合生产碳酸,使体内氢离子浓度降低,纠正代谢性酸中毒,以调节体液平衡。氯离子以盐酸的形式作为胃液的构成成分,缺氯离子会导致肾功能受损,易造成自体中毒。葡萄糖可补充能量物质,它具有增强机体抗病力,促进动物生长发育的作用。

[应用范围]

(1) 防治畜禽急慢性腹泻引起的脱水、虚脱、中毒症,补充各种原因引起的因脱水而造成的水源性障碍。

(2) 能治疗和预防畜禽的各种应激综合征,动物在分娩、断奶、免疫接种、更换饲料、长途运输、产蛋和产奶高峰期以及严寒或酷暑等情况下易发生应激综合征。应激前使用能提高动物抗应激能力；应激后或发病后使用能缓解或消除应激反应。特别是对运输应激，能缓解饥渴应激和热应激，减少痛残、掉膘、死亡、降级等损失。

（3）促进动物生长发育，提高仔鸡、幼畜的成活率，增加肉、蛋、奶产量，提高饲料利用率。如肉仔鸡 0～4 周龄 1％饮水，5～8 周龄 2％饮水，能使死亡率下降 2％。仔猪 1％饮水，毛顺、精神爽。

（4）配合其他药物使用，促进药物吸收，提高治疗效果。如接羔期，配合含硒微量元素使用，提高成活率到 95％，并能控制因缺硒引起牛、羊流产。中毒性疾病时，配合其他药物可调节代谢，络合致病因子。

[注意事项]

（1）禁用热水作冲剂，以免破坏药效。

（2）与其他药物配伍时，因畜、因病选药，避免浪费。

（3）胃肠阻塞暂不用，伴有休克或病情严重不用，食盐中毒不用。

（4）没有脱水症状，不可长时间使用高浓度口服补液盐，否则会发生高钾血症。

162 为什么要慎用地塞米松？

地塞米松属糖皮质激素类人工合成药，众所周知，其在临床上有抗毒、抗炎、抗过敏的作用。对牛酮血病有明显疗效，同时还能抵抗内毒素对机体细胞的侵害，对一些早期炎性症状也能在短时间内有明显改善，所以在兽医临床上应用比较广泛。但也要注意其副反应，在临床上如果用之不慎，不但会延误病情，有时还会造成意想不到的损失。因此，在临床上应用地塞米松类糖皮质激素时，应注意以下几点：

（1）地塞米松抗炎但不抗菌　地塞米松能收缩毛细血管，降低毛细血管通透性，减少血浆渗出，抑制白细胞游走、浸润和巨噬细胞的吞噬功能，从而明显减轻局部炎症早期的红、肿、热、痛等症状，但治标不治本。对于机体的炎症，如果过分依赖于地塞米松来缓解症状，而忽略了抗菌、抗病毒等药物控制病原的功效，那只会掩盖疾病的本质，延误疾病的治疗时机，致使病灶加重或扩散，甚至继发感染、加重病情。

（2）地塞米松可使机体自身的防御机能和抗感染能力下降　地塞米松能抑制机体的速发性变态反应、抑制淋巴细胞转化，从而影响机体对病原抗体的生成。因而在使用地塞米松后，机体自身的抵抗力会下降。

（3）一般的病毒性疾病要禁用地塞米松　由于当前还未发现特效的抗病毒药物，病毒性疾病都是动物靠自身抵抗力耐过自愈的。

而地塞米松的应用，会降低机体抵抗力。虽然可以缓解症状，但是从根本上并未起到抑制和杀死病毒的作用。因此，对于一般的病毒性疾病，应用地塞米松只会适得其反。

（4）地塞米松可造成怀孕母畜流产　应用地塞米松会收缩毛细血管，对孕畜来说，会降低胚胎的血液供应，从而造成流产，因此，孕畜应禁用地塞米松。

（5）不可大剂量或长期应用　大剂量或长期应用会形成动物对糖皮质激素的依赖性，有时还会引起代谢紊乱，产生严重的低血钾、糖尿病、骨质疏松等。

由此可见，地塞米松对于一般感染性疾病不宜使用，只有在危急性感染或容易留下后遗症的病例中才可考虑使用。使用时应配合足量有效的抗病原药物，在病症消失后，仍需继续使用有效药物进行治疗。

163 养殖场为什么应避免使用原料药？

兽医临床上直接使用兽药原粉（即原料药）的现象比较普遍，在一些规模养殖场尤为严重，从而导致一系列问题的发生，如严重的药物毒副反应、畜禽死淘率增加、生长迟缓、药物滥用、多重耐药菌的产生、原料药经销商造假、药物残留等，给食品安全、畜禽健康养殖带来诸多隐患。

养殖场直接使用兽药原料存在不少弊端：

（1）计量不准　直接使用兽药原粉，需要确切知道畜禽的喂料量或饮水量，并换算成每只畜禽的使用量，需要知道该种药在这种畜禽的药动力学参数，以及该种药的折纯换算等。而这些关键点有时兽医工作人员都难以把握，更何况一般饲养户，如使用剂量不够则达不到治疗效果，如使用剂量过大又会增加副作用，甚至中毒死亡。

（2）混合不均　兽药原粉直接饮水或拌料使用，很容易混合不均，这也是国家禁止将兽药原粉卖给饲养场和养殖场的原因。混合不均则达不到治疗效果甚至导致中毒，特别是安全范围小的药物，如马杜霉素，其安全范围不到正常使用量的两倍，稍有不慎便会导致中毒，故预混料厂一般选择1%的马杜霉素预混剂使用，而不使用原粉。

（3）生物利用度不高，导致浪费　药物的给药途径有多种，而口服给药要经历消化道酸碱作用、微生物作用、消化酶的作用、食物成分的影响，因此，生物利用度较低，有些甚至不到10%，这样的药物就不能口服给药。

（4）使用不便，多数原粉不能饮水给药　目前兽药在养禽上主要是通过饮水途径，但饮水给药并不适合所有药，例如有些药（如青霉素）在饮水中不稳定，很快水解；有些药（如氟苯尼考）不溶于水，需要通过特殊的工艺做成溶于水的制剂，因此原粉饮水给药受到许多限制。

（5）口服不吸收　有些药可溶于水，但口服不吸收，如氨基糖苷类、某些头孢菌素类，口服吸收有限，只能用于治疗肠道感染，而不能用于治疗全身感染。如果要治疗全身感染则必须改变给药途径。

（6）适口性不好　兽药原粉直接饮水给药时，有些味觉敏感的动物（如猪）会不喝，如果将原粉通过特殊的工艺制成制剂，可以掩盖其不良味道，从而改善适口性。

我国《兽药管理条例》第六十八条明文规定不准饲养场直接使用兽药原粉，也不准兽用原料药和人用原料药生产单位将药物原料销售给兽药生产企业以外的单位，如饲料加工厂、畜禽饲养场。饲料厂在饲料中添加的药物，必须在法律规定的范围内，且必须是经兽药厂加工成的制剂，如1%的马杜拉霉素预混剂。

164 养殖场如何控制兽药残留？

随着集约化畜牧业的快速发展，兽药的应用品种和数量也在不断增加，兽药残留作为动物源性食品安全性影响的重要因素，已成为人们普遍关注的一个社会热点问题。兽药残留不仅直接对人体产生急慢性毒性作用，引起细菌耐药性的增加，还通过环境和食物链的作用间接对人体健康造成潜在危害，直接影响着我国养殖业的发展和国际化进程，因此，必须采取有效措施，减少和控制兽药残留的发生。

（1）搞好兽医卫生管理　搞好圈舍卫生，改善畜禽的生存环境。要及时清除和处理粪便，更换垫草，清洁圈舍，定期消毒，保持畜体卫生。

① 严格消毒：为了预防疫病，消毒是养殖场必不可少的一项工作，要有适宜的消毒设施，消毒剂的选择应根据消毒目的而定，通常应选高效、低廉、使用方便，对人和畜禽安全、无残留毒性，并且在体内不产生有害物质的消毒剂。在反复消毒时最好选用两种以上化学性质不同的消毒剂，同时也必须遵守消毒剂配合使用的原则及配伍禁忌的原则。蛋鸡场不能使用酚类消毒剂，产蛋期禁用酚类、醛类消毒剂。

② 及时淘汰患病畜禽：一旦畜禽发病，要及早淘汰病畜禽。必要时可添加作用强、代谢快、毒副作用小、残留最低的非人用药品和添加剂，或以生物学制剂作为治病的药品，控制畜禽疾病的发生发展。发生传染病时要根据实际情况及时采取隔离、扑杀等措施，以防疫情扩散。

③ 疫病防治：对畜禽疫病要坚持预防为主的原则，使用科学的免疫程序、用药程序、消毒程序、病畜禽处理程序，搞好消毒、驱虫等工作。有的畜禽传染病只能早期预防，不能治疗，要做到有计划、有目的适时使用疫（菌）苗进行预防，及时搞好疫（菌）苗的免疫注射，搞好疫情监测。防止畜禽发生疫病，避免动物发病用药，确保畜禽及产品健康安全、无残留。

（2）控制饲料使用　饲料是畜禽生长的物质基础，饲料的卫生质量与畜产品的卫生质量是密切相关的，要提高畜产品的质量必须首先提高饲料的质量。一定要做好原料检测、脱毒、保鲜等工作，尤其是饲料添加剂、配合饲料应具有一定的新鲜度，应具有该品种应有的色、嗅、味、组织形态特征，无发霉、变质、结块、异味、异臭，且不得使用违禁药物。

要按照不同畜禽、不同的生长阶段，正确使用畜禽饲料，要饲喂绿色饲料，保证原料安全，所选作饲料的作物无残毒。要应用微生态制剂、低聚糖、酶制剂、酸制剂、防腐剂、中草药等绿色添加剂。不应将含药的前中期饲料错用于动物饲养后期，不得将成药或原药直接拌料使用。不得在饲料中自行再添加药物或含药饲料添加物。

（3）科学合理用药

① 要坚持治疗为辅的原则：需要治疗时，在治疗过程中，要做到合理用药，科学用药，对症下药，适度用药，只能使用通过认证的兽药和饲料厂生产的产品，避免产生药物残留和中毒等不良反应。尽量使用高效、低毒、无公害、无残留的绿色兽药，要在兽医指导下规范用药，不得私自用药。用药必须有兽医的处方，处方上的每种药必须标明休药期，饲养过程的用药必须有详细的记录。

② 要有用药情况记录：要对免疫情况、用药情况及饲养管理情况进行详细登记，必须按照兽药的使用对象、使用期限、使用剂量以及休药期等规定严格使用兽药。遵守用药规定，及时停药。必须填写用药登记，其内容至少包括用药名称、用药方式、剂量、停药日期，并将处方保留 5 年。

③ 要遵守药物的休药期规定：要按照有关规定要求，根据药物及其停药期的不同，在畜禽出栏或屠宰前，或其产品上市前及时停药，以避免残留药物污染畜禽及其产品，进而影响人体健康。

④ 切勿使用禁用药物：饲养畜禽过程中要严格用药管理，要严格执行国家有关饲料、兽药管理的规定，严禁在饲养过程中使用国家明令禁止、国际卫生组织禁止使用的所有药物，如己烯雌酚、盐酸克仑特罗和氯霉素等，不得将人畜共用的抗菌药物作饲料添加剂使用，宰前按规定停药。对允许使用的药物要按要求使用，并严格遵守休药期的规定。

在实际生产中要做到：畜禽免疫注射死苗 7 天后无并发症才能屠宰食用，免疫注射活苗 21 天后无并发症才能屠宰食用；应用抗生素、磺胺药治疗患病畜禽后，其肉、奶在停药 3 天以上才能食用。

（4）定期进行兽药残留监测　在饲养畜禽的整个过程中，要定期对水样、饲料、畜禽粪便、血样及有关样品进行药物残留监测，及时掌握用药情况，以便正确采取措施，控制药物残留。

165 怀孕母畜用药有哪些禁忌？

母畜怀孕期间患病，使用药物治疗须特别慎重。因为在常用的西药中，有的会伤及胎儿，甚至引起流产。具体来说，怀孕母畜应避免使用下列药物：

（1）泻药　药性猛烈的泻药或药性一般而用量过大的泻药，如硫酸钠、硫酸镁等。

（2）拟胆碱药　如氨甲酰胆碱、硝酸毛果芸香碱、敌百虫等。

（3）兴奋药　如硝酸士的宁、盐酸士的宁等。

（4）解热镇痛药　如硫酸奎宁等。

（5）子宫收缩药　如催产素、垂体后叶素等。

（6）糖皮质激素类　如醋酸可的松、氢化可的松、地塞米松等。

（7）降血压药　如利血平等。

166 催情促孕药物有哪些？怎样控制同期发情？

催情促孕药物包括性激素与促性腺激素类，药物制剂有苯甲酸雌二醇注射液、黄体酮注射液、丙酸睾酮注射液、甲睾酮、苯丙酸诺龙注射液、注射用促卵泡激素、注射用促黄体激素、孕马血清、注射用绒毛膜促性腺激素等。另外，还有催情散等中药制剂。

同期发情的目的在于同期化处理，有利于组织成批生产及圈舍的周转。常用以下几种方法。

（1）同期断奶　对于正在哺乳的母猪来说，同期断奶是母猪同期发情通常采用的有效方法。一般断奶后 1 周内绝大多数母猪可以发情，如果断奶同时注射 1 000 单位的孕马血清促性腺激素，发情排卵的结果会更好。

（2）药物调控　常用的同期发情药物一般有两类，一类是抑制发情的制剂，属孕激素类物质，如孕酮、甲孕酮、甲地孕酮、炔诺酮、氯地孕酮、氯孕酮、18 甲基炔诺酮等，它们在血液中保持一定水平，都能抑制卵泡的生长发育；另一类是在应用上述药物基础上配合使用的促性腺激素，如促卵泡素、促黄体素、马绒毛膜促性腺激素（也称孕马血清，PMSG）和人绒毛膜促性腺激素（HCG）等。使用这些激素是为了促进卵泡的生长成熟和排卵，使发情排卵的同期化达到较高程度，从而提高受胎率。

167 猪场安全用药原则有哪些？

猪有病用药，需正确诊断，准确用药。要根据流行病学，临床诊断，病理学诊断和实验室诊断，查清病原，有的放矢地选择药物。所选药物要安全、可靠、方便、价廉，切勿自以为是，不明病情，滥用药物，特别是抗菌药物。用药应遵循以下原则：

（1）正确配伍，协同用药　熟悉药物性质，掌握药物的用途、用法、用量、适应证、不良反应、禁忌证，正确配伍，合理组方，协同用药，增加疗效，避免颉颃作用和中和作用，能起到事半功倍的效果。如磺胺类药物、喹诺酮类药物加入增效剂，可增加疗效，泰妙菌素与盐霉素、莫能霉素联用则产生颉颃。

（2）辨证施治，综合治疗　经过综合诊断，查明病因以后，迅速采取综合治疗措施。一方面，针对病原，选用有效的抗生素或抗病毒药物；另一方面，调节和恢复机体的生理机能，缓解或消除某些严重症状，如解热，镇痛，强心，补液等。

（3）按疗程用药，勿频繁换药　现在的商品药物多为抗生素、抗生素加增效剂、缓释剂，加辅助治疗药物复合而成，疗效确切。一般情况下，首次用量加倍，第二次可适当加量，症状减轻时用维持量，症状消失后，追加用药1～2天，以巩固疗效，用药时间一般为3～5天。药物预防时，7～10天为一疗程，拌料混饲。

（4）正确投药，讲究方法　不同的给药途径可影响药物吸收的速度和数量，影响药效的快慢和强弱。静脉注射可立即产生作用，肌内注射慢于静脉注射。选择不同的给药方式要考虑到机体因素、药物因素、病理因素和环境因素。如内服给药，药效易受胃肠道内容物的影响，给药一般在饲前，而刺激性较强的药物应在饲后喂服。不耐酸碱，易被消化酶破坏的药不宜内服。全身感染注射用药好，肠道感染口服用药好。

（5）正确计算药物使用剂量

① 看清药物的重量、容量单位，不要混淆。

② 注意药物的单位与毫克的换算。大多数抗生素1毫克等于1 000单位。

③ 注意药物浓度的换算，用百分比表示，纯度百分比指重量的比例，溶液百分比指100毫升溶液中含溶质多少克。

168 猪场预防用药的原则与方法有哪些？

预防用药是猪场防治疾病常用的方法。要做到合理用药，提高药物预防的效果，一般情况下应遵守以下原则：

（1）有针对性地选择预防药物　要根据猪场与本地区猪病发生与流行的规律、特点、季节性等，有针对性地选择疗效高、安全性好、抗菌谱广的药物用于预防，方可收到良好的预防效果，切不可滥用药物。

（2）使用药物预防之前最好先进行药物敏感试验　以便选择高敏感性的药物用于预防。

（3）保证用药的有效剂量，以免产生耐药性　不同的药物，达到预防传染病作用的有效剂量是不同的。因此，药物预防时一定要按规定的用药剂量，均匀地拌入饲料或完全溶解于饮水中，以达到药物预防的作用。用药剂量过大，造成药物浪费，还可引起副作用。用药剂量不足，用药时间过长，不仅达不到药物预防的目的，还可能诱导细菌对药物产生耐药性。猪场进行药物预防时应定期更换不同的药物，以防止耐药性菌株的出现。

（4）要防止药物蓄积中毒和毒副作用　有些药物进入机体后排出缓慢，连续长期用药可引起药物蓄积中毒，如猪患慢性肾炎，长期使用链霉素或庆大霉素可在体内造成蓄积，引起中毒。有的药物在预防疾病的同时，也会产生一定的毒副作用。如长期大剂量使用喹诺酮类药物会引起猪的肝肾功能异常。

（5）要考虑猪的品种、性别、年龄与个体差异 幼龄猪、老龄猪及母猪，对药物的敏感性比成年猪和公猪要高，所以药物预防时使用的药物剂量应当小一些。怀孕后用药不当易引起流产。同种猪不同个体，对同一种药物的敏感性也存在着差异，用药时应加倍注意。体重大、体质强壮的猪比体重小、体质虚弱的猪对药物的耐受性要强。因此，对体重小与体质虚弱的猪，应适当减少药物用量。

（6）要避免药物配伍禁忌 当两种或两种以上的药物配合使用时，如果配合不当，有的会发生理化性质的改变，使药物发生沉淀、分解、结块或变色，结果出现减弱预防效果或增加药物的毒性的现象，造成不良后果。如磺胺类药物与抗生素混合产生中和作用，药效会降低。维生素 B_1、维生素 C 属酸性，遇碱性药物即可分解失效。在进行药物预防时，一定要注意避免药物配伍禁忌。

（7）选择最合适的用药方法 不同的给药方法，可以影响药物的吸收速度、利用程度、药效出现时间及维持时间，甚至还可引起药物性质的改变。药物预防常用的给药方法有混饲给药，混水给药及气雾给药等，猪场在生产实践中可根据具体情况，正确地选择给药方法。

预防用药的方法：

① 混饲给药法：将药物拌入饲料中，让猪只通过采食获得药物，达到预防疫病之目的。这种给药方法的优点是省时省力，投药方便，适宜群体给药，也适宜长期给药。其缺点是如药物搅拌不匀，就有可能发生有的猪只采食药物量不足，有的猪只采食药物过量而发生药物中毒。混饲时应注意药物用量要准确无误；药物与饲料要混合均匀；饲料中不能含有对药效质量有影响的物质；饲喂前要把料槽清洗干净，并在规定的时间内喂完。

② 混水给药法：将药物加入饮水中，让猪只通过饮水获得药物，以达到预防传染病的目的。这种方法的优点是省时省力，方便，适于群体给药。缺点是当猪只饮水时往往要损失一部分水，用药量要大一点。另外由于猪只个体之间饮水量不同，每头猪获得的药量可能存在着差异。混水给药时应注意以下问题：使用的药物必须溶解于饮水；要有充足的饮水槽或饮水器，保证每头猪只在规定的时

间内都能饮到足够量的水；饮水槽和饮水器一定要清洗干净；饮用水一定要清洁干净，水中不能含有对药物质量有影响的物质；使用的浓度要准确无误；药物饮水之前要停水一段时间，夏天停水 1～2 小时，冬天停水 3～4 小时，然后让猪饮用含有药物的水，这样可以使猪只在较短的时间内饮到足量的水，以获得足量的药物；饮水要按规定的时间饮完，超过规定的时间药效就会下降，失去预防作用。

169 如何制定猪场抗寄生虫药用药方案？

寄生虫病是养猪场的常见疾病之一，其危害的表现不明显，却使猪场蒙受巨大的经济损失。对规模化猪场危害较大的寄生虫病主要有体内蛔虫、猪囊尾蚴、结节虫、球虫、兰氏类圆线虫、鞭虫等；体外有疥螨、血虱、蚊蝇等（图 9-1）。我国规模化猪场发展迅速，寄生虫病防控应该引起足够的重视。

螨　　　蚤　　　虱　　　蜱

图 9-1　常见体外寄生虫

目前常用的抗寄生虫药主要有内寄生虫药，如阿苯达唑、左旋咪唑、芬苯达唑、敌百虫、越霉素、潮霉素、伊维菌素，以及外寄生虫药，如二嗪农、敌敌畏、溴氰菊酯类药、阿维菌素等。药物的选择原则上要选用广谱、高效、低毒、廉价的药物。

驱虫时间应根据猪的不同日龄和用途而定：

（1）后备母猪在配种前驱虫 1～2 次，如在全封闭式猪舍中饲养，在配种前每隔 3 个月驱虫 1 次即可。购进的后备母猪到达新的猪舍就要进行驱虫。

（2）切断母猪和仔猪间的寄生虫传播环节对整个猪场寄生虫的成功控制极为关键。母猪在配种前 14 天、分娩前 15 天左右进行一次驱虫，使母猪在产仔后身体不带虫，防护仔猪免受感染。由于母猪生长期长且在整个生活过程中经常接触寄生虫，往往被寄生虫感染，特别是母猪怀孕后期免疫力非常低，对寄生虫的易感性增加，而仔猪和母猪的接触又非常亲密，所以母猪感染寄生虫很容易传染给后代。因此母猪的产前驱虫对阻止寄生虫传播有重要意义。

（3）公猪每年至少驱虫2次，春秋各1次；如果种公猪经常暴露在被寄生虫污染的环境中，应每隔3个月对所有种公猪驱虫1次。

（4）对于生长育肥猪，如果熟知每头猪的驱虫史，那么仔猪—育肥猪舍的驱虫就不用那么紧凑。如上所述，在分娩时对母猪的驱虫是第一步，这样仔猪在整个保育期可以保持无虫状态。随后，仔猪—育肥猪舍的驱虫可按如下方案进行：如果猪场虱较多，可以在间隔10天左右用第2次药，对于感染疥螨严重的病猪，可以再用药1次。

（5）对于外购仔猪育肥猪场，如果仔猪已应用了广谱驱虫药驱虫，在猪到达新场后不需立即驱虫，但3～4周后应进行驱虫。因为3～4周内，仔猪可能会被育肥猪场的寄生虫感染，而再次驱虫则可将感染终止在虫体发育成熟并污染猪舍或其他区域之前。如果育肥猪舍被严重污染，首次驱虫应在仔猪到达后立即进行。在此后的4～5周需要进行第2次驱虫。

（6）平时要做好猪体及圈舍的消毒及杀虫（蚊蝇）灭鼠工作，阻断寄生虫的媒介传播物和寄生虫的外源生存环境。

170 怎样预防猪呼吸道疾病的发生？

呼吸道疾病已成为各大养猪场最常见、危害最严重的疾病之一。多发生于保育期及以后各生长阶段，尤其是18～20周龄，主要症状为发热、咳嗽和呼吸困难，生长缓慢或停滞。发病率通常在30%～70%，死亡率15%～20%，给猪场造成严重的经济损失。研究表明呼吸道疾病是由一种或多种细菌、病毒、环境应激等因素引起的一种混合感染。

对猪场呼吸道疾病应采取综合性防治措施：

（1）做好日常管理工作

① 坚持自繁自养的原则，防止购入隐性感染猪。

② 严格执行全进全出制度，避免不同来源猪混群。

③ 做好猪舍内小气候环境的控制，加强通风对流，改善舍内空气质量，适当降低猪群饲养密度，控制好舍内湿度，早晚温差不要太大。

④ 加强饲养管理，饲喂优良的全价日粮，提高猪群抵抗力。

⑤ 做好环境卫生和消毒工作。

（2）疫苗免疫　对一些原发性病原体，尤其是病毒，尽量采用免疫的方法来控制（图9-2），这样一方面可以防止感染的发生，另一方面，可以维持较长时间的保护力，如：猪繁殖与呼吸综合征病毒（PRRSV）、猪肺炎支原体、猪伪狂犬病病毒（PRV）等。

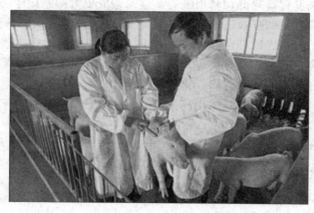

图9-2　猪疫苗免疫接种

（3）药物预防

① 生产母猪：可在母猪分娩前后1周采取下列方案之一。

每吨饲料加入：

A. 磷酸泰乐菌素100克。

B. 泰妙菌素100克＋多西环素100克。

C. 替米考星60～100克＋100克多西环素。

D. 泰妙菌素100克＋多西环素100克＋阿莫西林200克（或80克氟苯尼考）。

② 仔猪：可在仔猪断奶前、后各一周的饲料中添加药物，用药方案同上，用药量可根据实际情况适当调整。

③ 育肥猪：间隔一周使用一次，每次1～2周，用药方法同上，用药量可根据情况适当调整。

④ 后备母猪：每月一周，直喂至配种，用药方法同上，用药量可根据实际情况适当调整。

171 猪场常见呼吸道疾病有哪些？怎样用药？

猪呼吸道疾病被认为是引起养猪业经济损失最大的疾病。它不仅可导致一些病猪死亡，造成巨大经济损失和药物开支，还可因影响猪生长发育，降低饲料报酬等，进而造成更大的间接经济损失。

猪场常见的呼吸道疾病有：肺炎支原体病，如猪喘气病；细菌性疾病，如猪巴氏杆菌病（猪肺疫）、副猪嗜血杆菌病、猪传染性胸膜肺炎、猪萎缩性鼻炎等；病毒性疾病，如猪流感、猪繁殖与呼吸综合征、猪圆环病毒病、猪伪狂犬病等；寄生虫性疾病，如弓形虫病、肺线虫病等。具体用药见表9-1。

表9-1　猪场常见呼吸道疾病的用药方案

病名	主要症状和病变	主治药剂与用法用量
猪喘气病	咳嗽、气喘、呼吸困难、融合性支气管炎、肺脏呈虾样肉变等	（1）每千克体重卡那霉素40毫克、土霉素60毫克，分别肌内注射，每天1次，连用3～5天 （2）每千克体重泰乐菌素10毫克，每天1次，连用5～7天 （3）1%多西环素每千克体重0.3～0.5毫升，每天1次，连用至痊愈
猪肺疫	败血症、咽喉及周围组织性炎性肿胀或者肺、胸膜的纤维蛋白渗出性炎症等	（1）10%多西环素，每千克体重0.03～0.05毫升，深部肌内注射，每天1次，连用2～3天 （2）20%磺胺间甲氧嘧啶注射液，每千克体重0.2～0.4毫升，肌内注射，每天2次，连用3天以上 （3）50%磺胺间甲氧嘧啶可溶性粉拌料，每吨饲料拌100克，连用3～5天

（续）

病名	主要症状和病变	主治药剂与用法用量
副猪嗜血杆菌病	早期体温41～42℃，食欲下降，呼吸困难，病猪常呈犬卧姿势喘息	（1）20％氟苯尼考＋磺胺间甲氧嘧啶各100克，拌料250千克，连用5天 （2）混饮，电解多维500克，阿莫西林100克，对水500千克，连用7天 （3）混饲，多西环素200克，磺胺间甲氧嘧啶200克，混合拌料500千克，连用7天
猪传染性胸膜肺炎	病猪体温升高达41.5℃以上，精神委顿，食欲明显减退或废绝，张口伸舌，呼吸困难；口鼻流出带血性的泡沫样分泌物，鼻端、耳及上肢末端皮肤发绀，死亡率高	（1）发病初期，在病猪有较强的食欲或饮欲的情况下可群体混饲或混饮给药 ① 在每吨饲料中拌氟苯尼考100克（效价），连续饲喂7天，然后剂量减半，继续使用2周 ② 在每吨饲料中拌头孢噻呋100克（效价），连续饲喂5天，然后剂量减半，继续使用2周 ③ 在每吨饲料中拌三甲氧苄氨嘧啶50克，连续使用5天，然后剂量减半，继续使用1周 （2）当病猪既不能采食也不饮水时，应注射给药 ① 氟苯尼考注射液，每千克体重20毫升，肌内注射，第1次给药后间隔48小时再用药1次 ②头孢噻呋注射液，每千克体重3毫升，肌内注射，每天1次，连用3次 ③盐酸多西环素注射液，每千克体重2.5毫升，肌内注射，每天1次，连用3次
猪萎缩性鼻炎	病猪喷嚏，流鼻涕，摇头不安，鼻痒拱地，前肢抓鼻。持续3周以上鼻甲骨开始萎缩，出现浆液性、脓性鼻液，气喘。往往是单侧性的	（1）混饲，每吨饲料磺胺二甲氧嘧啶100克、金霉素100克，连用2～3周 （2）混饲，每吨饲料磺胺嘧啶100克、泰乐菌素100克，连用3周 （3）混饲，每吨饲料土霉素400克，连用4周

（续）

病名	主要症状和病变	主治药剂与用法用量
猪流感	猪群反应迟钝，不愿走动，眼、鼻流浆液性分泌物。呼吸急促或腹式呼吸，强迫病猪走动时更明显，伴发严重的阵发性咳嗽。体温可达40.5～41.7℃	本病无特效药，一般采取增强猪只免疫功能，防治继发感染的原则 （1）黄芪多糖注射液＋鱼腥草注射液，大猪每千克体重0.1～0.2毫升，仔猪每头3～5毫升，每天1次，连用3天 （2）清灵注射液＋盐酸林可霉素注射液＋强效阿莫西林，按每千克体重0.2～0.5毫升，混合肌内注射，每天1次，连用3天
猪圆环病毒病	常以多种病症并发，断奶后仔猪会出现多系统衰竭综合征，各年龄段仔猪可能出现皮炎和肾病综合征，种猪出现繁殖障碍	（1）预防：①哺乳仔猪分别在3日龄、7日龄、21日龄，用长效土霉素每千克体重0.5毫升，各注射1次。②母猪分别在每年的3、9月用猪圆环病毒Ⅱ型灭活疫苗各免疫1次，每次1头份；仔猪14日龄免疫1次，每次1头份 （2）治疗：主要是抗继发感染和增强机体免疫能力。①20%盐酸多西环素1千克拌饲料1吨，连用5～7天。②30%磺胺甲氧嘧啶1千克拌饲料1吨，连用5～7天
猪繁殖与呼吸综合征	发热、厌食、皮肤发红、繁殖障碍、呼吸加快等	（1）免疫预防：PRRS灭活疫苗2～4毫升，肌内注射，妊娠母猪4毫升，20天后再次注射4毫升，以后每6个月注射1次，假定健康猪注射2毫升 （2）治疗：①按照每吨饲料中添加20%的泰乐菌素可溶性粉1千克和70%的阿莫西林300克，连续5～7天；②白细胞介素-2 2.5毫升，10%维生素C 5毫升，每天1次，连续2～3次
伪狂犬病	发热、脑脊髓炎、母猪流产、死胎、呼吸困难等	疫区和威胁区免疫预防：猪伪狂犬病疫苗0.5～2.0毫升，肌内注射。乳猪第一次注射1毫升；3月以上架子猪注射1.0毫升；成年猪和妊娠母猪注射2.0毫升
弓形虫病	高热、呼吸困难、共济失调和母猪流产等	20%磺胺-5-甲氧嘧啶，每千克体重0.2毫升，每天1次，连用3～5天

172 引起仔猪腹泻的常见疾病主要有哪些？怎样用药？

引起仔猪腹泻的原因多种多样，常见的有细菌性腹泻、病毒性腹泻和寄生虫性腹泻。应根据不同的病因采取不同的治疗方案。表9-2列举了引起仔猪腹泻的常见疾病及用药方案。

表9-2 仔猪腹泻的常见疾病及用药方案

病名	主要症状和病变	主治药剂与用法用量
猪传染性胃肠炎	呕吐、水样腹泻和明显的虚脱，体重减轻及10日龄仔猪高死亡率等	（1）防止继发感染：①0.1％高锰酸钾每千克体重4毫升，一次喂服；②10％磺胺嘧啶钠2～5毫升，每天2次，连用3～5天
		（2）补液：氯化钠3.5克、氯化钾1.5克、小苏打2.5克、葡萄糖粉25克，加开水1升溶解，饮服
		（3）抗病毒：高免血清10毫升，每天1次，连用3天
猪流行性腹泻	呕吐、水样腹泻和严重脱水等	（1）补液：氯化钠3.5克、氯化钾1.5克、小苏打2.5克、葡萄糖粉25克，加开水1升溶解，饮服
		（2）防止继发感染和对症治疗：磺胺脒4克、碱式硝酸铋4克、小苏打2克，混合一次喂服，每天2次，连用2～3天
轮状病毒	厌食、呕吐、下痢等。粪便呈水样或糊状，黄白色或暗黑色	（1）抗菌消炎：硫酸庆大-小诺霉素注射液160～320毫升、地塞米松2～4毫升，肌内注射或者后海穴注射，每天1次，连用2～3天
		（2）补液：氯化钠9.2克，葡萄糖粉42.3克，甘氨酸6.6克，柠檬酸0.52克，枸橼酸钾0.13克，无水磷酸钾4.35克，开水2升，混匀后供猪自由饮用
仔猪黄痢	1周龄以内的仔猪（尤其1～3日龄）下痢，排黄色黏液样腥臭的稀粪，严重的肛门和阴门呈红色	（1）0.5％的恩诺沙星2毫克，口服，每天1次，连用3天，同时注意补液
		（2）硫酸卡那霉素注射液，每千克体重10～15毫升，肌内注射，每天2次，连用3天

（续）

病名	主要症状和病变	主治药剂与用法用量
仔猪白痢	10～20日龄仔猪下痢、排出灰白色糊状粪便，有腥臭味	（1）抗菌：硫酸庆大-小诺霉素注射液8万～16万单位、5%维生素 B_1 注射液2～4毫升，肌内注射或者后海穴1次注射。每天2次，连用2～3天 （2）止泻：小檗碱片1～2克，矽炭银1～2克，喂服，每天2次，连用1～2天
仔猪副伤寒	周期性下痢，粪便呈淡黄色、黄褐色或绿色，有恶臭，混有血液和伪膜	（1）恩诺沙星每千克体重5毫克，肌内注射，每天2次，连用3～5天 （2）庆大霉素每千克体重1万～1.5万单位，肌内注射或内服，每天2次，连用3～5天
猪球虫病	精神、食欲不振，被毛松乱，消瘦，下痢与便秘交替发作，甚至出现死亡等	（1）球百清，每千克体重20～30毫克，皮下注射或者口服 （2）磺胺二甲嘧啶，每千克体重100毫克，喂服，每天1次，连用3～7天
猪蛔虫病	营养不良、贫血、消瘦、被毛粗乱、异嗜、生长发育受阻等	（1）甲苯咪唑，每千克体重10～20毫克 （2）伊维菌素，每千克体重0.3毫克

173 猪临床高热症怎样用药？

[临床症状] 猪临床出现高烧高热是由多种病因引起的，如猪瘟、蓝耳病、猪链球菌病、猪弓形虫病、猪传染性胸膜肺炎等疫病单一或混合感染，但以混合感染多见。发病猪体温升高至40～42.5℃，精神沉郁，采食量下降或食欲废绝，患猪皮肤发红，耳后边缘发绀，腹下和四肢末梢等身体多处皮肤有紫红色斑块；呼吸困难、喜伏卧，部分猪出现严重的腹式呼吸，气喘急促，有的表现为喘气或不规则呼吸；部分患猪流鼻涕、打喷嚏、咳嗽、眼分泌物增多，大部分猪出现结膜炎；部分猪群出现便秘，粪便秘结，呈球状，尿黄而少，混浊，颜色加深。病程稍长的病猪全身苍白，出现贫血现象，被毛粗乱，部分病猪后肢无力，个别病猪濒死前不能站立，最后全身抽搐而死。发病猪群死亡率很高，有的甚至高达

90％，部分母猪在怀孕后期（100～110 日）出现流产，产死胎、弱仔或木乃伊胎。

[防治]　就目前的情况来看，要预防和控制高烧高热症的发生和流行，必须采取"预防为主、防治结合"的综合措施。

（1）加强饲养管理，提高抗病能力　规模养猪场要实行封闭式管理，建立健全并严格执行防疫制度；散养户和规模较小的猪场要结合实际，努力改善饲养管理条件，做好驱虫、消毒、圈舍的通风防暑降温及环境卫生等工作。要保证充足的干净饮水，并在饮水中添加保健液，同时在饲料中也适当地多添加保健药物和多种维生素，微量元素，提高猪体抗病能力。

（2）强化免疫接种，确保免疫效果　猪高热病是由猪瘟、链球菌等多种病原引起的症候群，养猪场（户）应加强猪瘟和链球菌病等疫苗的免疫注射，提高整群的免疫水平。对新购进的生猪及时进行补免，确保免疫效果。

（3）消毒灭源，净化环境　每天打扫猪舍或场地，清洗干净，然后用环境消毒药如新洁尔灭对圈舍、过道、天花板及运动场地等进行喷雾消毒。消灭蚊蝇，减少疫病传播。必须对粪便进行无害化处理，比如堆积发酵消毒等。

（4）合理用药，减少损失　病毒性疾病辅以抗生素药物治疗，防止细菌性继发感染，应用扶持营养类药物，维持机体耐过疾病，使用清瘟败毒散类中草药方剂进行治疗。

临床上确认为原虫类寄生虫疾病的，尽快选用有效的药物给足剂量，并应遵守药物规定的疗程使用。

（5）参考处理方案　当发生疫情时，要早防早治，做到正确诊断，对症用药。

① 全群用药：

A. 氟苯尼考 50～100 克。

B. 清瘟败毒散 5 000 克。

C. 安乃近 500～1 000 克。

以上 3 种药物按比例同时拌入 1 000 千克饲料，全群喂服，连喂3～5天。如发生猪瘟，应紧急接种猪瘟疫苗，疫苗一定要到正规兽药店去购买，以防免疫失败。

② 对发病猪进行个体治疗：

A. 长效土霉素注射液，每千克体重0.1毫升，一次分点肌内注射。

B. 10%磺胺间甲氧嘧啶注射液，每千克体重0.4毫升，地塞米松磷酸钠，每千克体重0.1～0.2毫克，混合后一次肌内注射。

C. 氟苯尼考注射液，按氟苯尼考计算，肌内注射，一次量，每千克体重15～20毫克。

D. 青霉素或阿莫西林，每千克体重2万～4万单位，链霉素，每千克体重1万～2万单位，柴胡注射液5～10毫升，混合后一次肌内注射。

[注意事项]

（1）当怀疑附红细胞体病时，血虫净按每千克体重5毫克，用生理盐水稀释成5%溶液一次肌内注射，隔日1次，连用3次。

（2）当怀疑猪瘟时，猪瘟弱毒疫苗肌内注射，再选用硫酸卡那霉素与氟苯尼考注射液并用。要全群同时用药物预防性治疗，连用3～5天，同时加强饲养管理，搞好环境卫生。

174 仔猪水肿病怎样用药？

仔猪水肿病是由致病性大肠杆菌引起的断奶仔猪的一种肠毒血症。该病一年四季均可发生，致死率高达80%以上，猪场发生该病时除了加强饲养管理、搞好猪舍环境卫生外，可用以下方法进行治疗：

（1）50%葡萄糖20毫升，地塞米松1毫克，25%植物纤维素C 2毫升，一次静脉注射，连用1～2次。

（2）安钠咖1～2毫升，每天1次，连用1～2天。

（3）呋塞米1～2毫升，每天1次，连用1～2天。

（4）大蒜泥10克，分2次喂服，每天2次，连用3天。

（5）阿米卡星200～400毫克后海穴注射，每天2次，连用2～3天。

（6）硫酸镁 15～30 克，氢氯噻嗪 20～40 克，维生素 B_1 100 毫克，喂服。

（7）链霉素 50 万单位，维生素 B_{12} 200 毫克，连用 2 天。

（8）20％甘露醇 30～50 毫升，静脉注射。

175 猪疥螨病怎样用药？

猪疥螨病俗称猪癞子或疥癣。是由猪疥螨寄生于猪皮肤内而引起的一种接触感染的慢性皮肤寄生虫病。发生该病时可采用下列方案进行治疗：

（1）伊维菌素每千克体重 0.3 毫克，皮下注射或者口服。

（2）0.5％～1％敌百虫喷洒或擦洗猪体，1 周重复 1 次。

（3）伊维菌素预混剂（含有效成分 0.6％），每吨饲料添加 330 克，连用 7 天。

（4）16％蝇毒磷乳剂 2 毫升，加水 500～640 毫升，喷洒猪体或洗擦患部。

176 猪中暑后怎样救治？

猪在夏季炎热的天气，头部受到太阳直射，引起脑膜和脑实质的病变，致使中枢神经系统机能严重障碍，通常称为日射病。常见在炎热的盛夏长途运输猪只或圈舍过于拥挤。发生该病时首先将病猪移至阴凉通风处，然后用凉水喷洒猪体，给予清凉淡盐水饮服或用之反复灌肠。治疗用下列方案：

（1）10％的樟脑磺酸钠 1～6 毫升，肌内注射，每天 2 次。

（2）25％糖盐水 200～500 毫升，耳静脉、尾尖剪毛消毒后放血 100～300 毫升后，静脉注射，4～6 小时后重复 1 次。

（3）每头猪用十滴水 5～10 毫升兑水内服，或静脉注射复方氯化钠注射液 200～500 毫升。

177 母猪产后胎衣不下怎样用药？

母猪分娩后 24 小时仍未排出胎衣或只排出一部分，称为胎衣不下。治疗时可用：

（1）垂体后叶激素或催产素20～40单位，皮下注射。

（2）10％氯化钙20毫升、10％葡萄糖100～200毫升一次静脉注射。

以上两种方法不行时，可进行胎衣剥离。剥离前应先消毒母猪外阴部，将经消毒并涂油的手（可戴塑料手套）伸入子宫内，剥离和拉出胎衣，最后投入金霉素或土霉素胶囊（每粒含量250毫克）2～4粒；或将金霉素或土霉素1克，加入50毫升蒸馏水中，注入子宫内。

178 母猪产后瘫痪怎样用药？

母猪产后瘫痪是母猪产后体质衰弱，产仔后四肢不能站立，知觉减退而发生瘫痪的一种疾病，又称产后风。可用以下方法进行治疗：

（1）10％葡萄糖酸钙50～100毫升，静脉注射。必要时6～12小时再注射1次。

（2）维丁胶性钙注射液5～10毫升，肌内注射，隔3天再注射1次。

（3）饲料中添加过磷酸钙或骨粉30～50克，3～6克/天，连喂10～15天。

（4）地塞米松注射液5～10毫升，一次肌内注射，每天1次。

179 禽类用药有哪些注意事项？

在养禽生产过程中，经常用药物来预防和治疗禽病，但用药要注意以下问题：

（1）预防用药时须控制剂量 预防用药剂量一般为治疗剂量的1/4～1/2，但很多养殖户为了保险起见，常将口服治疗剂量换算成饲料添加量后添加在饲料中用于长期预防。这样做不但增加了用药成本，抗生素类还会抑制肠道内正常菌群的生长，引起消化紊乱及维生素缺乏等。同时，需要注意的是，磺胺类药因禽类对它的吸收率高，故药量偏大或用药时间长等会发生毒性反应，一般不宜作预防用药长期添加。

（2）避免药物混合或添加不当　在饲料中添加药物时，因药物的浓度通常为每千克饲料 1～500 毫克，占比例极小，因此，添加时不能一次性把少量药物放到大堆的饲料中去搅拌，否则易造成因药物混合不均匀而引起中毒或治疗无效，应采用"由少至多，逐渐拌均匀"的方法。通过饮水添加药物时，必须确认所添加的药物是可溶于水的，否则，药物会在水中沉积下来，达不到相应的效果。

（3）合理使用青霉素类药物　青霉素类药是广大养殖户常用的抗菌类药物，但在鸡患慢性呼吸道病（也称支原体病）时，不可用青霉素治疗。青霉素的杀菌原理是破坏细菌的细胞壁，而支原体没有细胞壁，因此青霉素对支原体无效。青霉素 G 内服易被胃酸破坏，内服无效。但半合成青霉素，如氨苄青霉素、羟氨苄青霉素（阿莫西林）、苯唑青霉素等具有耐酸特性，内服有效。青霉素外用时必须溶于水后使用，青霉素不能直接杀菌，只有溶于水后才起作用，否则青霉素不溶于含蛋白的组织液，会演变成青霉素噻唑蛋白而引起机体过敏反应。还有一些常见的用药颉颃情况，如用磺胺注射液稀释会使青霉素失效。青霉素 G 与四环素合用，四环素迅速抑制细菌蛋白质合成，细菌细胞壁合成受阻，使青霉素 G 的作用减弱。

（4）经验性用药不当　有些养殖户试用了某种药物治疗一些禽病后，发现其效果不错，于是在其以后养殖过程中出现相同的疾病时，就反复使用这种药，但疗效会一次比一次差，因为长期用一种药来治疗同一种病时会产生耐药性，特别是抗菌药和抗球虫药更是如此。

（5）根据气温变化给药　鸡在夏天的饮水量通常是冬天的两倍多，因此，在冬天所添加的药物浓度一般是夏天的两倍多，才能使鸡达到相同的药物摄入剂量。

（6）了解家禽的生理特点合理用药　禽类的肾小球结构简单，有效过滤面积小，对于经肾排泄的庆大霉素、链霉素非常敏感，故生产上常见到鸡肌内注射链霉素后引起休克、失去平衡、中毒死亡的情况。禽类无汗腺，用解热镇痛药来抗热应激，效果往往不理想。禽类有丰富的气囊，在生产中用气雾免疫、气雾给药常会有好的效果。

（7）了解对药物的机理或配伍　　一般来说，禁止同类抗菌药物在临床上联合应用，由于同类抗菌药物其作用机理相同，多数具有交叉耐药性，比如某一种大肠杆菌对一种磺胺药已具有耐药性，那么再选用其他磺胺类药物治疗常常无效。另外，同类药物合并使用可能会增加药物的毒副作用，如链霉素和庆大霉素都属于氨基糖苷类抗生素，两者合用可导致动物发生中毒（肾脏毒性、骨骼受损等）。大多数抗生素都不能通过血脑屏障发挥治疗作用，也不容易渗入到细胞内，因此，抗生素对因脑部受损出现神经症状的疾病一般无效，对细胞内感染病原菌的疾病，如鸡的李氏杆菌病、结核病也无效。

180 鸡场用药应注意哪些问题？

鸡场用药时应注意以下问题：

（1）不能有药物万能的思想　　鸡病主要有病毒病、细菌病、寄生虫病和营养代谢性疾病。其中病毒性疾病种类多，危害大（如新城疫、传染性支气管炎、马立克氏病、禽流感等），且至今仍未有特效治疗药，主要靠做好免疫接种和消毒加以预防，所以在鸡病防治上不能有药物万能的思想。鸡病的防治应当以预防为主，消毒和隔离是控制传染源和切断传播途径的有效措施。搞好免疫接种和加强饲养管理，可以减少易感鸡群。因此，应根据本地区或本场疫情发生和流行的具体情况，制定相应的免疫程序，制定行之有效的防疫制度和措施，搞好环境消毒、温度和湿度的控制、营养水平、饲养密度以及饮水和光照管理等，增强机体抵抗力。也就是说，只有在管理上下工夫，在防疫上做文章，鸡场方可减少疫病发生，即使发病，药物治疗方可收到良好效果。

（2）准确诊断疾病是合理用药的关键　　鸡场一旦发生疾病，一定要在第一时间内尽可能采取各种诊断手段进行确诊。包括详细了解本地区的疫病流行动态和本场的鸡群健康状况，饲料和饮水消耗量等。对病死鸡应尽量多解剖，不要剖检一只两只就下结论，以免误诊。解剖死鸡或送检死鸡一定要注意消毒，防止病源扩散。另外有条件的鸡场还应进行免疫监测、病原分离和药敏试验。疾病诊断力求快速准确，这样才能有的放矢，合理用药，收到理想效果。

（3）选用药物应遵循安全高效、方便经济的原则　不管是预防还是治疗，安全高效、方便经济都是选药时必须遵循的原则。因此，选购药物时必须详细了解各种药物的性能，特别是对使用商品名的药物，应尽量了解其有效成分。药物不分贵贱，疗效好的就是好药，有些病不一定要用最新的药，尤其是不一定要用价格昂贵的进口药。也就是说应选用高效、价廉、副作用小、购买方便且来源稳定的药物。

（4）注意药物的配伍　当病情危急、病因不清时（如严重败血症或单一药物不能控制混合感染或已产生耐药菌），必须选用联合用药，即2种或2种以上药物同时使用。有协同作用的药物联合应用，既能提高抗菌能力和药物治疗效果，又能降低药物使用剂量，减少副作用。但必须注意，如果有颉颃作用的药物配伍使用时，药物之间会因发生反应而使各自的药理性质或理化性质发生变化，这必然造成药效降低或丢失，甚至发生毒副作用。

（5）注意掌握药物的剂量和疗程　使用药物治疗疾病时，应根据鸡只的日龄、体重以及体质状况采用适当的剂量和足够的疗程。剂量过大会引起中毒；剂量过小，不仅不能达到治疗效果，还可能使病原菌产生耐药性。另外，疗程亦不是越长越好，一般以3～5天为1个疗程，连用1～2个疗程为宜。

（6）采取正确的用药途径　药物的使用一般可用饮水、拌料和注射等方法。饮水给药是最好的途径，但在用药前2～4小时应停止给水，并适当增加饮水器。药物的稀释水量应以保证所有鸡只均能在短时间内饮到并饮完为好，饮完药液后再补给清水。不溶或难溶于水或苦味的药物（因鸡的味觉很差）可用拌料给药，但必须混合均匀，以免造成吃不到药而无效或药物过量中毒。拌料的方法可采用逐步稀释法，即先用少量的粉料将药物稀释扩大，然后逐步加入一定量的颗粒料混合均匀，最后再全部混合到颗粒饲料中充分拌匀。如有必要，可洒少量的水使药物黏附到饲料颗粒上。注射给药时，应注意用具和注射部位的消毒，注射部位要准，不能将针头刺进胸膜腔，以免伤及心脏和肝脏造成内出血死亡。

(7) **注意轮换用药**　长期使用同一种抗菌药，常常会导致病原菌对该药产生耐药性。为了防止出现此种情况，应采用协同用药或改用其他药物。某些慢性病或寄生虫病，如鸡球虫病，需要较长时间给药时，应有计划地定期交替轮换用药，但轮换用药也不能太频繁，至少要有1～2个疗程后方可考虑换药。

(8) **应根据鸡体本身特点，慎重用药**

① 鸡对磺胺类药物较敏感，易中毒。如果一次剂量过大会出现食欲减少和神经症状，鸡冠颜色发生不规则变化，严重时引起死亡。

② 鸡对链霉素敏感，易中毒。

③ 由于鸡没有汗腺，雏鸡对氯化钠也敏感，应谨慎使用。

④ 鸡对有机磷酯类药物敏感（如敌百虫），无论是体内或体外给药均易引起中毒。

⑤ 蛋鸡应避免使用喹乙醇，因治疗量与中毒量很接近，稍超量服用就产生蓄积中毒，并且能在蛋中残留产生药害。

⑥ 不能应用于产蛋鸡的药物有磺胺类、呋喃类、氨茶碱、丙酸睾丸素等，金霉素也能降低产蛋量。

⑦ 不使用国家规定的禁用兽药。如氯霉素、促生长类的性激素己烯雌酚、催眠镇静剂氯胺酮等。国家规定产蛋鸡禁用的兽药还有烟酸诺氟沙星、氧氟沙星、恩诺沙星、乳酸环丙沙星、甲磺酸达氟沙星、甲磺酸培氟沙星、盐酸洛美沙星可溶性粉、阿莫西林等。

(9) **注意药物残留问题**　多数药物在体内停留6～10小时，然后排泄出体外。少数药物会发生蓄积中毒，因此，用此类药物治疗鸡病时，先用完1个疗程后，如需继续用药，应停药数天后方可进行第二疗程。同时，在人们崇尚环保食物的今天，药物在鸡肉或鸡蛋中的残留也越来越受到关注，其残留量是否超标不仅关系到人们的身体健康，也直接影响其市场销售价格。因此，要严格按规定用药和停药，用药必须选用无残留即绿色兽药或应尽量选用残留时间短的药物。肉鸡上市前 7 天应停用一切药物。

181 如何科学制定养禽场的消毒程序？

（1）流动媒介物和场区消毒　病禽，被污染的垫草、地面，有病原体的尘埃，病禽接触过的饲料、饮水，以及人、鼠、昆虫、运输工具等都有可能将疫病传入养禽场。因此，养禽场的消毒应当严格而周密，否则容易造成疫病的发生和流行。

① 人员及运载工具的消毒：由于人的活动，各种交通运载工具来往于不同养禽场之间，有可能带来有污染的灰尘而将病原体带入养禽场。因此，养禽场应有好的隔离条件，并有一个生物安全系统。

养禽场建有围墙，并且只有一个用于车辆和人员进出的控制入口。主要通道必须设置消毒池，消毒池的长度为进出车辆车轮 2 个周长以上，消毒池上方最好建顶棚，防止日晒雨淋。消毒液可用消毒时间长的复合酚消毒剂或 3%～5%氢氧化钠溶液，每周更换 2～3 次。每栋禽舍的门前要设置脚踏消毒池，消毒液每天更换 1 次。有条件的还要在生产区出入口处设置喷雾消毒装置，喷雾消毒液可采用 1∶1 000 的氯制剂。原则上不接待任何来访者，场内人员不得随意进出场区。对许可出入场区的一切人员、运载工具必须进行消毒并记录在案。

工作人员进入禽舍必须要淋浴，换上清洁消毒好的工作衣帽。工作服不准穿出生产区，饲养期间应定期更换清洗，清洗后的工作服要用太阳光照射消毒或熏蒸消毒。工作人员的手用肥皂洗净后，浸于洗必泰或新洁尔灭等消毒液内 3～5 分钟，清水冲洗后抹干。然后，穿上生产区的水鞋或其他专用鞋，通过脚踏消毒池进入生产区。蛋箱、料车等运载工具频繁出入禽舍，必须事先洗刷，干燥后，再进行熏蒸消毒备用。舍内工具固定，不得互相串用。其他非生产性用品，一律不能带入生产区内。

② 养禽场环境卫生消毒：在生产过程中保持内外环境的清洁非常重要，清洁是发挥良好消毒作用的基础。养禽场区要求无杂草、垃圾。场区净、污道分开，运雏车和饲料车等走净道，病死禽及粪便等走污道，远离禽舍进行无害化处理。道路硬化，两旁有排水沟；沟底硬化，不积水，排水方向从清洁区流向污染区。平时应做好场区环境卫生工作，经常使用高压水清洗，每月对场区道路、水泥地面、排水沟等区域，用 3‰～5‰氢氧化钠溶液、千毒除消毒液（1∶1 000 倍稀释）等进行 4～5 次的喷洒消毒，育雏期间最好每天消毒 1 次。清洁禽舍后，向墙面和地面喷洒杀虫剂消灭昆虫。在老鼠洞和其出没的地方投放毒鼠药消灭老鼠。

(2) 禽舍消毒 养禽场实行"全进全出"制度，每栋禽舍全群移出后，在进新雏前，必须对禽舍及用具进行全面彻底的严格消毒，确保新雏群的最佳生长条件。禽舍的全面消毒包括禽舍排空、清扫、洗净、消毒、干燥、再消毒、再干燥、进雏前几天最后消毒等。

在家禽出栏后，要先用 3‰～5‰氢氧化钠溶液或常规消毒液进行 1 次喷洒消毒，如果有寄生虫，必须加用杀虫剂，主要目的是防止粪便、飞羽和粉尘等污染舍区环境。移出育雏设备（饲料器、饮水器等），在一个专门的清洁区对它们进行清洗消毒。对排风扇、通风口、天花板、横梁、吊架、墙壁等部位的积垢进行清扫，然后清除所有垫料、粪肥，清除的污物集中处理。经过清扫后，用动力喷雾器或高压水枪由上到下、由内向外冲洗干净。对较脏的地方，可先进行人工刮除，要注意对角落、缝隙、设施背面的冲洗，做到不留死角，真正达到清洁。

禽舍经彻底洗净干燥，再经过必要的检修维护后，即可进行消毒。首先用 2‰氢氧化钠溶液或 5‰甲醛溶液喷洒消毒。24 小时后用高压水枪冲洗，干燥后再用千毒除或菌毒敌喷雾消毒 1 次。为了提高消毒效果，一般要求使用 2 种以上不同类型的消毒药进行至少

3 次的消毒（建议消毒顺序：甲醛—氯制剂—复合碘制剂—熏蒸）。喷雾消毒要使消毒对象表面至湿润挂水珠，最后一次最好把所有用具放入禽舍再进行密闭熏蒸消毒。熏蒸消毒一般每立方米的禽舍空间，使用福尔马林 42 毫升、高锰酸钾 21 克、水 21 毫升，先将水倒入耐腐蚀的容器内，加入高锰酸钾搅拌均匀，再加入福尔马林，人即离开。门窗密闭 24 小时后，打开门窗通风换气 2 日以上，散尽余气后方可使用。

饲料饮水器、供热及通风设施、笼养禽舍的一些特殊设备很难彻底清洗和消毒，必须完全剔除残料、粪便、皮屑和羽毛等，再用压力泵冲洗消毒。更衣间设备也应彻底清洗消毒。在完成所有清洁和消毒步骤后，开始不少于 2 周的空舍时间。

进雏前 5～6 天对禽舍的地面、墙壁用 2％氢氧化钠溶液彻底喷洒。24 小时后用清水冲刷干净再用常规消毒液进行喷雾消毒。在进雏前 2 天，将舍温提高到 33 ℃以上，相对湿度 65％～70％。进雏前 1 天禽舍温度升至 38 ℃，保持 14 小时以上，并用 3％～5％氢氧化钠溶液拖地，有利于杀灭马立克氏病病毒。

(3) 带禽消毒

① 带禽消毒的作用：病原体会通过空气、饲料、饮水、用具或人体等进入禽舍，带禽消毒就是对禽舍内的一切物品及禽体、空间用一定浓度的消毒液进行喷洒或熏蒸消毒，以清除禽舍内的多种病原微生物，阻止其在舍内积累。并能有效降低禽舍空气中浮游的尘埃，避免家禽呼吸道疾病的发生，确保禽群健康。它是当代集约化养禽综合防疫的重要组成部分，是控制禽舍内环境污染和疫病传播的有效手段之一。实践证明，坚持每日或隔日对禽群进行喷雾消毒可以大大减轻疫病的发生，在夏季并有降温的作用。

② 消毒剂的选择与科学配制：带禽消毒须慎重选药，要求对人和禽的吸入毒性、刺激性、皮肤吸收性小，不会侵入并残留在肉和蛋中，对金属、塑料制品的腐蚀性小或无腐蚀性。养禽场常选用 0.3％过氧乙酸、0.1％次氯酸钠、千毒除、菌毒敌、百毒杀等。

消毒剂稀释后稳定性变差，不宜久存，应现用现配，一次用完。配制消毒药液应选择杂质较少的深井水或自来水，寒冷季节水温要高一些，以防水分蒸发引起家禽受凉而患病；炎热季节水温要低一些并选在气温最高时，以便消毒同时起到防暑降温的作用。喷雾用药物的浓度要均匀，必须由兽医人员按说明规定配制，对不易溶于水的药应充分搅拌使其溶解。有条件的养禽场可进行消毒效果检测，以确定合理的浓度。

③ 带禽消毒的方法：带禽消毒的着眼点不应限于家禽的体表，而应包括整个家禽所在的空间和环境，否则就不能对部分疫病取得较好的控制。先对带禽舍环境进行彻底的清洁，以提高消毒效果和节约药物的用量。消毒器械一般选用高压动力喷雾器或背负式手摇喷雾器，将喷头高举空中，喷嘴向上以画圆圈方式先内后外逐步喷洒，使药液如雾一样缓慢下落。要喷到墙壁、屋顶、地面，以均匀湿润和禽体表稍湿为宜，不得直喷禽体。喷出的雾粒直径应控制在80～120微米，不要小于50微米。雾粒过大易造成喷雾不均匀和禽舍太潮湿，且在空中下降速度太快，与空气中的病原微生物、尘埃接触不充分，起不到消毒空气的作用；雾粒太小则易被家禽吸入肺泡，引起肺水肿，甚至诱发呼吸道病。同时，必须与通风换气措施配合起来。

带禽消毒在无疫情时可每周进行2～3次，夏季热应激或疫病多发时，可每天1次，雏禽太小不宜带禽喷雾消毒，1周龄后方可进行带禽消毒。喷雾量应根据畜禽舍的构造、地面状况、气象条件适当增减，一般按50～80毫升/米^{3}计算。对于雏禽来说，还应从2周龄起至育雏结束，每周用30%过氧乙酸熏蒸消毒1～2次，每次20～30分钟。

（4）饮水消毒　家禽饮水应清洁无毒、无病原菌，符合人的饮用水标准。生产中要使用干净的自来水或深井水。但进入禽舍后，由于暴露在空气中，舍内空气、粉尘、饲料中的细菌可对饮用水造成污染。病禽可通过饮水系统将病原体传给健康者，从而引发呼吸系统、消化系统疾病。可见饮水是禽群疾病传播的一个重要途径。

如果在饮水中加入适量的消毒药物则可以杀死水中带有的病原体，这就是饮水消毒。临床上常见的饮水消毒剂多为氯制剂、碘制剂和复合季铵盐类等。消毒药可以直接加入蓄水池或水箱中，用药量应以最远端饮水器或水槽中的有效浓度达到该类消毒药的最适饮水浓度为宜。家禽喝的是经过消毒的水，而不是喝的消毒药水，任意加大水中消毒药物的浓度或长期饮用，除可引起急性中毒外，还可杀死或抑制肠道内的正常菌群，影响饲料的消化吸收，对家禽健康造成危害，另外影响疫苗的防疫效果。饮水消毒应该是预防性的，而不是治疗性的，因而饮水消毒要谨慎行事。

182 养禽场消毒注意事项有哪些？

（1）熏蒸消毒禽舍时，舍内温度保持在 $18 \sim 28$ ℃，空气中的相对湿度达到 70％以上才能很好地起到消毒作用。盛装药品的容器应耐热、耐腐蚀，容积应不小于消毒剂和水总容积的 3 倍，以免消毒剂沸腾时溢出灼伤人。

（2）根据不同消毒药物的消毒作用、特性、成分、原理、使用方法，及消毒对象、目的、疫病种类，选用两种或两种以上的消毒剂按一定的时间交替使用，使各种消毒剂的作用优势互补，确保消毒效果。

（3）在活疫苗免疫接种前后 3 天内，或饮水中加入其他有配伍禁忌的药物时，应暂停带禽消毒，以防影响免疫或治疗效果。带禽消毒时间最好固定，且应在暗光下进行，以防应激。

（4）消毒操作人员要佩戴防护用品，以免消毒药物刺激眼、手、皮肤及黏膜等。同时，也应注意避免消毒药物伤害禽群及物品，严禁把氢氧化钠溶液作带禽喷雾消毒使用。

183 家禽产蛋期慎用和禁用的药物有哪些？

蛋禽在产蛋期间使用药物不当，会影响到治疗效果、产蛋率及蛋品质量，甚至造成蛋禽绝产或死亡。因此，蛋禽使用兽药要十分谨慎。

（1）磺胺类药物 磺胺类药物及抗菌增效剂（如复方新诺明）能与碳酸酐结合，使碳酸盐形成和分泌减少，导致蛋禽产软壳蛋或薄壳蛋；磺胺类药物影响肠道微生物对维生素K、B族维生素的合成，长期使用可导致禽体贫血或出血，同时引起肾脏损害。因此，在蛋禽产蛋期间应禁止使用磺胺类药物。

（2）抗球虫药物 常用的抗球虫药物莫能菌素、氯苯胍、氯羟吡啶、尼卡巴嗪等的用量应特别注意控制，如氯羟吡啶用量超过0.04％会影响蛋禽产蛋。此外，氨丙啉、二甲硫胺、磺胺氯吡嗪钠、盐霉素、马杜霉素等都应慎用。

（3）激素类药物 丙酸睾丸酮、甲基睾丸酮类药物为雄性激素，能使蛋禽机体内分泌紊乱而影响产蛋，主要用于抱窝鸡醒抱，治愈后应立即停用；肾上腺素类药物可使蛋禽推迟产蛋，一些肾上腺皮质激素类药物如地塞米松、可的松等的不合理使用也会影响蛋禽的产蛋性能。

（4）氨茶碱 氨茶碱能松弛平滑肌而产生平喘作用，常用于缓解家禽呼吸道传染病引起的呼吸困难，蛋禽用药后有明显的产蛋量下降现象。

（5）乳糖 蛋禽对乳糖不耐受，饲料中含量达15％时产蛋受到抑制，超过20％则产蛋停滞。

（6）拟胆碱药物和巴比妥类药物 拟胆碱药物如新斯的明、氨甲酰胆碱和巴比妥类药物都会使产蛋异常，蛋壳变薄、变软。

（7）抗菌与抗病毒类药物 金霉素、链霉素、大观霉素、新生霉素等抗菌药物应慎用于产蛋禽，以免影响蛋禽的产蛋性能。抗病毒西药禁用于食品动物。

184 引发鸡下痢的常见疾病有哪些？怎样用药？

鸡下痢是指鸡机体因受到病原微生物和寄生虫的侵染及饲养管理不善引起的胃肠道功能紊乱，使粪便的形状和颜色发生变化的消化道疾病的总称。表9-3列举了可引起鸡发生下痢的常见疾病及相应的治疗方法。

表9-3　引起鸡下痢的常见疾病及用药方案

病名	主要症状和病变	主治药剂与用法用途
新城疫	呼吸困难，下痢，神经紊乱，黏膜和浆膜出血	（1）预防用药： ① 蛋用鸡（包括种鸡）：7～15日龄用四系活疫苗或者二系活疫苗，或鸡新城疫、传染性支气管炎疫苗点眼、滴鼻进行首免；25～35日龄用四系或二系疫苗进行点眼或滴鼻进行二免；60日龄用一系肌内注射0.5毫升/羽；120日龄用一系肌注0.5毫升/羽，同时肌内注射新城疫灭活油乳剂苗（如鸡新城疫、传染性支气管炎、减蛋综合征、传染性脑脊髓炎四联灭活疫苗）。产蛋后每隔2个月用新城疫四系苗饮水，加强免疫一次 ② 商品肉鸡：8～9日龄四系苗点眼或滴鼻首免，25～30日龄用四系进行点眼或滴鼻进行二免 （2）治疗用药： ① 抗新城疫高免血清1毫升，肌内注射 ② 抗鸡新城疫卵黄抗体1～2毫升，肌内注射或者皮下注射 ③ 禽用干扰素，饮水给药，每天2～3次，连用3～5天
传染性法氏囊病	腹泻、颤抖、严重脱水、极度虚弱。法氏囊、肾脏的病变和腿肌胸肌出血，腺胃和肌胃交界处条状出血	（1）传染性法氏囊弱毒疫苗1～4羽份；鸡传染性法氏囊灭活油佐剂苗0.5毫升 （2）鸡传染性法氏囊高免血清1毫升，肌内注射或者皮下注射 （3）抗鸡传染性法氏囊病高免卵黄抗体1～2毫升，肌内注射或者皮下注射
传染性支气管炎	病鸡咳嗽、喷嚏，器官发生啰音。肾肿大，有尿酸盐沉积	（1）传染性支气管炎弱毒疫苗（H120或H52）1羽份，点眼、饮水或水雾免疫，5～7日龄用H120首免，24～30日龄用H52二免；120～140日龄用传染性支气管炎灭活佐剂疫苗0.5毫升三免 （2）复方新诺明每千克体重20～25毫克，喂服，每天2次，连用2～4天 （3）链霉素每只5万～10万单位，肌内注射，每天2次，连用3～5天 （4）阿司匹林、碳酸氢钠可溶性粉：混饮，每升水0.325克，连用5～7天，主要用于治疗肾型传染性支气管炎 （5）枸橼酸钠、碳酸氢钠可溶性粉：混饮，每升水25克，连用5～7天，主要用于治疗肾型传染性支气管炎

（续）

病名	主要症状和病变	主治药剂与用法用途
鸡白痢	雏鸡以拉白色糊状稀便为特征，死亡率高。常猝然倒地死亡，故称"猝倒病"	（1）头孢噻呋 0.1 毫克，1 日龄雏鸡，皮下注射 （2）土霉素每千克饲料 1～5 克，混饲，连用 7 天；复方敌菌净每千克饲料 200～400 毫克，混饲，饲喂 5～7 天 （3）调痢生，每只 20～30 毫克，混饲或饮水，每天 1 次，连用 3 天 （4）大蒜素每只 1 毫升，滴服，每天 3～4 次，连服 3 天
禽伤寒	黄绿色下痢，肝脏肿大，呈青铜色	（1）氟苯尼考每千克饲料 20～30 毫克，混饲，每天 2 次，连用 3～5 天 （2）土霉素每千克饲料 1～5 克，混饲，连用 7 天；复方敌菌净每千克饲料 200～400 毫克，混饲，饲喂 5～7 天 （3）庆大霉素每千克体重 5～10 毫克，肌内注射，每天 2 次，连用 3～5 天 （4）阿米卡星每千克饲料 150～250 毫克，混饲，连用 3～5 天
禽霍乱	腹泻，排出白色水样或绿色黏液，伴恶臭粪便	（1）磺胺五甲氧嘧啶 5 份、抗菌增效剂 1 份，按每千克体重 30 毫克内服或 0.04% 的比例拌料 （2）土霉素按 1% 的比例添加到饲料内，连喂 7～8 天 （3）磺胺二甲基嘧啶，按饲料量的 0.5% 或饮水量的 0.1% 添加，连用 3～5 天 （4）对拒食的病重鸡，应用磺胺五甲氧嘧啶针剂进行肌内注射，每千克体重 0.2 毫升，连用 6 天，间断 2～3 天后再用
禽大肠杆菌病	病鸡腹部膨满，排出黄绿色的稀便。特征性的病变是纤维素性心包炎，气囊混浊肥厚，有干酪样渗出物。肝包膜呈白色混浊，有纤维素性附着物，有时可见白色坏死斑	（1）庆大霉素注射液，每千克体重 0.5 万～1.0 万单位，肌内注射，每天 2 次，连用 3 天 （2）土霉素每 100 千克饲料 100～500 克，混饲，连用 7 天

（续）

病名	主要症状和病变	主治药剂与用法用途
鸡蛔虫	生长发育不良，贫血，消化机能障碍，下痢和便秘交替，有时稀便中混有带血黏液	（1）驱虫净每千克体重 40～60 毫克，混饲 （2）左旋咪唑每千克体重 20～40 毫克，混饲
鸡球虫	血痢、贫血、消瘦	（1）预防用药： ①柔嫩艾美耳球虫、毒性艾美耳球虫、巨型艾美耳球虫、锥形艾美尔球虫三价活疫苗（PBN＋PSHX＋PZJ＋HB 株），经口滴服或饲料拌服，7 日龄以内的雏鸡，1 羽份/羽 ②柔嫩艾美耳球虫、巨型艾美耳球虫、锥形艾美耳球虫三价活疫苗（PBN＋PZJ＋HB 株），经口滴服或饲料拌服，10 日龄以内的雏鸡，1 羽份/羽 ③盐酸素钠预混剂每千克饲料 6 毫克，混饲 ④马杜米星铵预混剂每千克饲料 5 毫克，混饲 ⑤地克珠利每升水 0.5 毫克，混饮，但稳定性差，需现配现用 （2）治疗用药： ①盐霉素每千克饲料 0.8 毫克，混饲 ②球痢灵每千克饲料 1.25～2.5 毫克，混饲，连喂 3～5 天 ③速丹每千克饲料 3 毫克，自由采食，连喂 5 天 ④氨丙啉每千克饲料 125～250 毫克，混饲，连喂 7 天 ⑤克球粉每千克饲料 500 毫克，混饲，连喂 5 天 ⑥二甲基嘧啶 0.1% 饮水，连用 2 天 ⑦复方磺胺喹噁啉可溶性粉每升水 280 毫克，混饮，连用 5～7 天 ⑧复方磺胺间甲氧嘧啶溶液每升水 1 毫升，混饮，连用 3～5 天

（续）

病名	主要症状和病变	主治药剂与用法用途
鸡住白细胞虫病	发热、贫血，粪便稀，呈特有的白色、黄色，个别严重的鸡排出红色或绿色粪便	（1）磷酸化喹噁啉每千克饲料15毫克，混饲，连用3～5天 （2）氯吡醇每千克饲料2.5毫克，混饲，连用3～5天 （3）乙胺嘧啶每千克饲料2.5毫克，混饲，连用至流行季节结束 （4）复方间甲氧嘧啶每升水1毫升，混饮，连用3～5天
蛋鸡水泻	开产就拉稀，大量水夹杂一些未消化饲料，肛周羽毛潮湿	（1）每千克饲料大黄苏打片100毫克，酵母片100毫克，混饲，每天2次，连续3～5天 （2）阿托品每升水0.35～0.4毫升，混饮，每天2次，连续3～5天 （3）电解多维适量，混饮。维生素E和维生素A适量，混饲
鸡痛风	消瘦、瘦弱、运动障碍和腹泻等	（1）降低饲料中蛋白质水平，增加维生素的含量，多加维生素A和维生素D_3，给予充足饮水 （2）大黄苏打片每千克体重1.5片（大黄0.15克，碳酸氢钠0.15克），重症鸡直接投服，其余拌入饲料中投喂，每天2次，连用5天 （3）碳酸氢钠适量，按2.5%～3%混饲或0.5%～2%混饮，连续数日
禽磺胺类药物中毒	冠髯青紫，腹泻，兴奋、摇头等神经症状，产蛋急剧减少	（1）B族维生素和维生素K，适量拌料，充足饮水 （2）1%碳酸氢钠和5%葡萄糖水适量，混饮 （3）每千克饲料维生素K 3～5毫克、维生素C 200毫克，混饲
鸡氨气中毒	羞明流泪，呼吸加快，粪便变稀，采食下降	（1）0.03%硫酸铜适量，混饮 （2）1%醋酸5～10毫升，饮服或灌饮 （3）1%硼酸适量，冲洗眼睛 （4）5%糖水适量，普康素适量，混饮；维生素C 0.5～1毫升灌服，连续2天 （5）北里霉素每千克饲料110～330毫克，混饲

185 养鸭场常见鸭病有哪些？怎样用药？

养鸭场常见疾病有鸭瘟、番鸭细小病毒病、鸭病毒性肝炎、鸭传染性浆膜炎、鸭大肠杆菌病。这些疾病有一个共同的临床症状就是引起鸭发生不同程度的腹泻。具体用药方案可参考表9-4。

表9-4 鸭场主要疾病的用药方案

病名	主要症状和病变	主治药剂与用法用量
鸭瘟	俗称"大头瘟"。病鸭体温升高，两腿麻痹、排绿色或灰白色稀粪、流泪和部分病鸭头颈伸长；食道黏膜有小出血点，并有灰黄色假膜覆盖或溃疡，泄殖腔黏膜充血、出血、水肿和假膜覆盖。肝脏有不规则、大小不等的出血点和坏死灶	(1) 预防用药：鸭瘟鸭胚化弱毒苗或鸭瘟鸡胚化弱毒苗2羽份，皮下注射或者肌内注射。雏鸭20日龄首免，4~5月龄二免 (2) 治疗： ① 鸭瘟高免血清1毫升，皮下注射或肌内注射 ② 抗鸭瘟高免卵黄抗体2毫升，皮下注射或者肌内注射
鸭病毒性肝炎	发病急、传播快、死亡率高，临床表现为角弓反张，病鸭的嘴和爪尖呈暗紫色。少数病鸭死亡前排黄白色或绿色稀粪。病理变化为肝炎和出血	(1) 预防用药： ① 鸡胚化鸭肝炎弱毒苗1毫升，肌内注射。母鸭产前1月注射1次，间隔2周后再注射1次 ② 鸭病毒性肝炎康复血清或高免血清0.5~1毫升，皮下注射 (2) 治疗用药： ① 抗鸭病毒性肝炎高免卵黄抗体1~1.5毫升，皮下注射或肌内注射 ② 康复鸭血清或高免血清或免疫母鸭蛋黄液1.0~1.5毫升，皮下注射
番鸭细小病毒病	主要侵害1~3周龄鸭，以严重腹泻，排黄绿色粪便，混有大量气泡、喘气和软脚为主要症状。病变以肠道形成纤维素性炎、肠黏膜坏死、脱落为特征	(1) 番鸭细小病毒病弱毒活疫苗每只0.2毫升，腿部肌内注射。供雏番鸭和种鸭用 (2) 用番鸭细小病毒抗血清每只1~2毫升，皮下注射或肌内注射

（续）

病名	主要症状和病变	主治药剂与用法用量
鸭传染性浆膜炎	困倦，眼与鼻孔有黏性分泌物，下痢，粪便呈黄绿色或绿色，共济失调和抽搐，纤维素心包炎、肝周炎、气囊炎和关节炎	（1）预防用药： 鸭传染性浆膜炎油乳剂疫苗每只 0.5 毫升，皮下注射 （2）治疗用药： ①青霉素 3 万～5 万单位、链霉素 3 万～5 万单位，肌内注射，每只每天 2 次，连用 3～5 天 ②阿米卡星每千克饲料 5 毫克，混饲，连用 3 天 ③沙拉沙星每升水 50～100 毫克，混饮，连用 3～5 天 ④乙酰甲喹粉每千克体重 10～15 毫克，内服，每天 2 次，连用 3 天
鸭大肠杆菌病	下痢，粪便呈黄绿色或绿色。纤维素心包炎、肝周炎、气囊炎和关节炎	（1）金霉素 0.3％的浓度拌料，连用 5～7 天 （2）磺胺嘧啶，0.2％拌料或 0.1％饮水，连用 3 天
鸭霍乱	体温升高，渴欲增加。病鸭下痢严重，排出腥臭的灰白色或铜绿色的稀粪，有时混有血液。俗称"摇头瘟"	（1）土霉素 0.05％～0.1％浓度拌料或每只鸭每天内服 0.15～0.3 克，连用 2～3 天 （2）链霉素 10 万单位，肌内注射，每天 1 次，连用 3～5 天

186 禽食盐中毒怎样用药？

禽食盐中毒后首先停用饲料，供给充足的新鲜饮水或 5％葡萄糖溶液；重者可用以下药物注射：

（1）葡萄糖酸钙，成鸡 1 毫升（雏鸡 0.2 毫升），肌内注射。

（2）鞣酸蛋白，每只 0.2～1.0 克，灌服。

（3）5％氯化钾，每千克体重 200 毫克，分点皮下注射。

187 禽维生素 B_1 缺乏症怎样用药？

禽维生素 B_1 缺乏时主要表现为多发性神经炎，出现生长不良，食欲减退，羽毛松乱，病初趾曲肌麻痹，很快翅、腿、颈部伸肌麻痹，然后倒地，头向后仰起。防治要点：尽量使用新鲜饲料，避免长时间使用与维生素 B_1 有颉颃作用的抗球虫药如氨丙啉等，气温高时，加大维生素 B_1 的添加量。患维生素 B_1 缺乏后可采取：

（1）硫胺素片 5～10 毫克，内服，每天 1 次，连用 3～5 天；

（2）维生素 B_1 1～5 毫克，肌内注射，每天 1 次，连用 3～5 天。

188 禽啄癖的种类有哪些？怎样用药？

根据引起的原因，禽啄癖主要分为啄肛、啄羽、啄趾、啄蛋等几种。表 9-5 列举了几种啄癖的病因及用药方案。

表 9-5　几种啄癖的病因及用药方案

病名	病　　因	主治药剂与用法用量
啄肛 啄趾	因饲养密度大，光线强，或潮湿闷热，家禽不能很舒适地睡眠休息，引起啄肛、啄趾；饲料中营养不平衡，缺乏某些营养成分（如食盐、动物性蛋白质）而诱发	（1）在饲料中添加动物性蛋白质 5％～10％（淡鱼粉，血粉）或蛋氨酸、赖氨酸各 0.1％ （2）制止啄肛可短时间内将食盐添加量提高到 2％，喂 2 天，并保证充足的饮水 （3）将青菜等青绿饲料捆扎吊起，诱使鸡不断跳起啄菜 （4）发现啄肛、啄趾，应立即将育雏室全部遮黑 3 天（饲喂时可用小功率红色灯泡照明），可缓解并解除啄肛、啄趾现象

（续）

病名	病　因	主治药剂与用法用量
啄羽	饲料中营养不全，特别是维生素 B_{12}、含硫氨基酸（蛋氨酸、胱氨酸）、叶酸、胆碱等缺乏有关，另外体外寄生虫引起皮肤刺痒、蚊虫叮咬，以及缺乏运动等都能促使发病	（1）在饲料中添加 0.2% 的生石膏粉喂半月左右，或添加 0.2% 的蛋氨酸 （2）硫酸亚铁每千克饲料 0.5 克，混饲，连续 3～7 天 （3）每只鸡 0.5 克硫酸钠＋2.5 毫克核黄素，雏禽酌减量，每天喂 2～3 次，连喂 3～4 天 （4）维生素 B_{12} 10 毫克，肌内注射，连续 3～7 天 （5）出雏后的蛋壳经消毒后（如焙炒发黄、发香）供鸡啄食
啄蛋	饲料混合不当，品种单一，特别与含硫氨基酸、钙质不足、积蛋不取等有关	

189　羊药浴常用药物有哪些？怎样进行药浴？

药浴是用来预防、治疗羊体外寄生虫和皮肤病的一种方法，其主要目的是预防和治疗羊体外寄生虫，如羊虱、蜱、疥癣等。羊群规模较大时，药浴应在专设的药浴池内进行。羊少的饲养户可使用缸浴或桶浴。浴前准备好温度计和其他用品，同时根据不同需要配制药液。药浴的时间可根据具体情况而定，在疥癣病常发生的地区，一年可进行两次药浴，一次是治疗性药浴，在春季剪毛后7～10天进行；另一次是预防性药浴，在夏末秋初进行。

目前常用的药浴药物有 0.5% 敌百虫溶液、1% 精制敌百虫膏溶液、0.05% 辛硫磷溶液，0.1% 杀虫脒溶液、30% 的烯虫磷乳油等。

[药浴方法]少数羊只用浴缸进行药浴时，将配制好的药液倒入池内，温度保持在 20～30 ℃，两人将羊只放入水，露出羊嘴鼻部，将羊整个洗湿透毛，最后捏住羊鼻嘴部将羊头快速浸入水中 2次即可，药浴时间为 1 分钟左右。大群羊药浴时，应使用专用药浴池。池内需配制好适宜浓度和适宜温度的药水，水深控制在 80～

100厘米。药浴时将羊赶到药浴池的待浴栏内，逐只将羊赶入药浴池中（图9-3），让羊游到药浴池的另一端，当羊上岸后，应让羊在滴流台上等候片刻，待羊身上的药液回流到药浴池内，再将羊赶到温暖处休息，晾干羊毛。

图9-3　羊药浴

［注意事项］

（1）要选择天暖、无风、日出的上午进行，使其在药浴后迅速晾干水分。

（2）药浴前先用2～3只羊作安全试验，确认羊无中毒现象时才可按计划进行全群药浴。

（3）池浴时，应在浴前8小时停止放牧和饲喂，让其充分饮水，防止药浴时误饮药液中毒。

（4）边浴边测药液温度，防止过冷过热，引起不良后果。

（5）先浴健康羊，后浴病弱羊，有外伤的羊只暂不药浴。

（6）药浴持续时间，治疗为2～3分钟，预防为1分钟。

（7）在药浴期间，为防止人员中毒，药浴人员应佩戴口罩和胶皮手套。用完的药液不能乱倒，防止牲畜误食。

190 奶牛场如何科学用药？

（1）采用注射用药　一般情况下奶牛患病，如果不是很严重，都不要使用抗生素。如果奶牛非使用抗生素不可，那么也最好选用针剂注射。原因是奶牛属多室胃反刍动物，它的瘤胃没有消化腺体，不分泌消化液，食入瘤胃的草料主要靠瘤胃内的微生物帮助消化。抗生素药物进入瘤胃后，不但抑制微生物的生长繁殖，还会破坏本身的微生物，引起消化机能障碍，人为地造成减食，反刍活动减弱，长期喂抗生素类药物还容易加重病情。小犊牛在微生物群落还未建立起来之前，为预防疾病、促进生长，适量喂一些抗生素是可以的，但待犊牛到七八个月时就要停喂。

（2）停奶后用药　在治疗患乳房炎牛时，最好等到奶牛停产后再进行治疗，这样不仅能增强治疗效果，还能防止抗生素等药物通过血液循环进入牛奶中（使用抗生素的牛奶72小时内禁止出售），如在停产时给奶牛每个乳头用干奶药灌注，是治疗奶牛乳房炎行之有效的办法。在奶牛停奶后2个月的时间里，要加强停产奶牛的饲养管理，力争在停产这段时间内，把奶牛调养好，使奶牛以健康的体况，投入到下一轮的生产中去。

（3）选准用药时间　选择药物治疗奶牛疾病时，选准用药时间，可提高治疗效果。一般在白天发作或白天转重的疾病，以及病在四肢、血脉的奶牛，均应在早上给药；若属于阴虚的疾病，如脾虚泄泻、阴虚盗汗、肺虚咳嗽，多在夜间发作或加重，均应在晚上给药；健脾理气药、涩肠止泻药，在饲喂前给药可提高疗效；治疗瘤胃疾病，可给予帮助消化的药物，如消化酶、稀盐酸等，在饲喂间隙给药效果最好；对一些刺激性强的药物，饲喂后给药可缓解对胃的刺激性；慢性疾病饲后服药，缓缓吸收，作用持久；奶牛患急病、重病时，以及对服药时间无严格要求的一般病，可不拘时间，任何时间均可给药。

（4）防止药物过敏　在给患病奶牛注射青霉素或链霉素等药物时，有的牛会发生过敏反应，如果抢救不及时或不合理，会造成奶牛死亡。因此，用药后不可掉以轻心，应注意细心观察，并做好急救准备。奶牛过敏反应的主要症状是：全身战栗，呼吸困难，突然倒地，阵发抽搐，可视黏膜发绀，反应迟钝。解救可静脉注射10%葡萄糖酸钙注射液200～500毫升或肌注扑尔敏注射液5～10毫升。

191 治疗奶牛疾病为什么不宜乳静脉注射？

临床上奶牛常用给药途径有口服和注射两种。由于胃肠道pH

的影响，还有药物在胃肠道吸收的过程中，必须接触胃肠黏膜以及受到肝脏酶类的影响，口服给药降低了药物的利用率，效果不太好。肌内或皮下注射后，药物必须通过毛细血管壁吸收，一般皮下注射比肌内注射吸收快。静脉注射是让药物直接进入血液循环，使其迅速发挥作用，是治疗奶牛疾病最有效、可靠和广泛使用的治疗方法。

乳静脉分腹下静脉（乳房前静脉）、阴部外静脉（乳房中静脉）和会阴静脉（乳房静脉）。奶牛乳房前静脉特别发达，弯曲前进，位于腹部的腹壁上，很容易找到。但乳静脉不能用于采血和给药。其原因如下：

（1）乳静脉位于腹底，奶牛卧地后，常常接触泥土、粪尿及污水，感染机会多，容易引起静脉发炎。

（2）乳静脉粗，怒张，血管弹性较差，针刺后，尤其是频繁针刺，针孔不易收缩闭合常引起流血不止。

（3）乳静脉穿刺容易引起并发症，比如乳静脉炎和心内膜炎，这都会对机体造成损害。

（4）当奶牛患有危及生命的疾病，颈静脉很难扎到时，为挽救生命，可使用乳静脉注射治疗。除此以外，通常情况下，临床治疗奶牛疾病，严禁采用乳静脉注射。

192 牛病毒性腹泻怎样用药？

牛病毒性腹泻（黏膜病）是由牛病毒性腹泻病毒（属于黄病毒科瘟病毒属）引起的传染病，各种年龄的牛都易感染，以幼龄牛易感性最高。该病主要是通过免疫牛病毒性腹泻-黏膜病弱毒疫苗进行预防，发病时可采取以下方法进行对症治疗，防治继发感染。

（1）碱式碳酸铋片 30 克，磺胺甲噁唑片 40 克，口服，磺胺药 2 次/天，首次量加倍，连用 3～5 天。也可用次硝酸铋，或活性炭等与土霉素、四环素、痢菌净等口服。

（2）阿米卡星 3 克，5% 糖盐水 3000 毫升，静脉注射。重症用

10%安钠咖 30 毫升，5%糖盐水 3 000～5 000 毫升，25%维生素 C 40 毫升，静脉注射。

193 牛羊传染性胸膜肺炎怎样用药？

牛传染性胸膜肺炎又称牛肺疫，是由支原体感染所引起的一种特殊的传染性肺炎，以纤维素性胸膜肺炎为主要特征。

［预防用药］牛传染性胸膜肺炎活苗 0.5～2 毫升，臀部肌内注射或尾端皮下注射。臀部肌内注射：成年牛 2 毫升、6～12 月龄犊牛 1 毫升。尾端皮下注射：成年牛 1 毫升、6～12 月龄犊牛 0.5 毫升。免疫期 1 年。

［治疗药物］

① 新胂凡钠明，每千克体重 5～10 毫克，用生理盐水稀释成 5%的浓度，静脉注射，视病情间隔 5～7 天再用 1～2 次。

② 土霉素或四环素，每千克体重 5～10 毫克，肌内注射，每天 1 次，连用 5～7 天。

194 气肿疽怎样用药？

气肿疽俗称"黑脚病"，是由气肿疽梭菌引起的牛、羊急性、热性、败血性传染病。

［预防用药］气肿疽灭活疫苗 5 毫升，皮下注射，犊牛 6 月龄时再注射一次。

［治疗用药］

① 抗气肿疽高免血清 200 毫升，静脉注射，间隔 12 小时再用一次。

② 青霉素 600 万单位，肌内注射，每天 2 次，连用 5 天。

③ 5%碳酸氢钠 500 毫升，1%地塞米松 3 毫升，10%安钠咖 30 毫升，5%糖盐水 3 000 毫升，静脉注射，每天 1 次，连用 2～3 天。碳酸氢钠与安钠咖分开注射。

④ 四环素 2～3 克，5%葡萄糖 2 000 毫升，20%磺胺嘧啶钠 50～100 毫升，将四环素溶于葡萄糖溶液中，静脉注射，每天 1 次，连用 3～5 天。

195 牛羊前胃疾病主要有哪些？怎样用药？

牛羊前胃疾病主要有前胃弛缓、瘤胃积食、瘤胃臌气、瓣胃阻塞、创伤性网胃腹膜炎和创伤性网胃心包炎等。不同前胃疾病的用药方案详见表9-6。

表9-6　前胃疾病的用药方案

病名	主要症状和病变	主治药剂与用法用量
前胃弛缓	食欲减少，前胃蠕动减弱或停止，反刍和嗳气缺乏	（1）清理胃肠，兴奋瘤胃： ①硫酸钠或硫酸镁300～500克，鱼石脂20克，酒精50毫升，温水6升，混匀，灌服，每天1次，连用2天 ②液状石蜡1 000～3 000毫升，苦味酊20～30毫升，灌服 ③0.1%新斯的明10～20毫升，皮下注射，2小时后重复1次 （2）兴奋瘤胃，制止发酵 ①2%盐酸苯海拉明10毫升，肌内注射 ②松节油30毫升，常水500毫升，灌服 ③25%葡萄糖1 000毫升，40%乌洛托品50毫升，20%苯甲酸钠咖啡因20毫升，静脉注射；胰岛素200单位，肌内注射
瘤胃积食	瘤胃容积增大，内容物积滞，机能障碍，并引起脱水和毒血症	（1）消除积滞，兴奋瘤胃： ①硫酸镁500克，液状石蜡1 000毫升，鱼石脂150毫克，酒精100毫升，常水5 000毫升，灌服 ②0.1%新斯的明10～20毫升，皮下注射，2小时后重复1次 （2）兴奋瘤胃，强心补液，纠正酸中毒： 10%氯化钠100毫升，10%氯化钙100毫升，20%安钠咖20毫升，5%糖盐水3 000毫升，10%维生素C 20毫升，5%碳酸氢钠500毫升，静脉注射

（续）

病名	主要症状和病变	主治药剂与用法用量
瘤胃臌气	瘤胃内积聚大量气体，急剧膨胀，胃壁扩张，反刍和嗳气障碍	（1）硫酸镁800克，鱼石脂15克，95%酒精40毫升，常水3 000毫升，灌服 （2）聚甲基硅油2～4克，配成2%～5%酒精或煤油溶液，灌服 （3）鱼石脂10～20克，松节油20～30毫升，95%酒精30～50毫升，适量水，瘤胃穿刺放气后注入，或胃管灌服
瓣胃阻塞	瓣胃收缩力减弱，内容物积滞、干涸，瓣胃肌麻痹及小叶压迫性坏死所引起的顽固阻塞	（1）消积化滞，防止发酵： ①硫酸钠400克，液状石蜡500～1 000毫升，鱼石脂20克，95%酒精50毫升，饮用水5 000～8 000毫升，灌服 ②0.1%新斯的明20毫升，肌内注射 ③硫酸钠400克，液状石蜡500～1 000毫升，乳酸10～15毫升，瓣胃注射 （2）止脱水和自体中毒： ①5%糖盐水4 000毫升，10%氯化钠300毫升，10%氯化钙100毫升，10%氯化钾50毫升，10%安钠咖20毫升，40%乌洛托品30～40毫升，25%维生素C 20毫升，静脉注射 ②12%复方磺胺对甲氧嘧啶钠50～70毫升，肌内注射，每天2次，连用5～7天
创伤性网胃腹膜炎	精神沉郁，弓背站立，畏惧运动，鼻镜干燥，下腹围膨大	（1）青霉素400万单位，链霉素400万单位，肌内注射，每天2次，连用5天 （2）液状石蜡500毫升，鱼石脂15克，95%酒精40毫升，将鱼石脂在酒精中溶解，混于液状石蜡中灌服
创伤性网胃心包炎	血循环障碍，颈静脉搏动，下颌间隙和垂皮水肿，心包摩擦音和拍水音	（1）用心包穿刺放出脓汁，用0.1%依沙吖啶1 000毫升冲洗后，注入普鲁卡因青霉素溶液（青霉素160万单位＋0.25%普鲁卡因100毫升） （2）青霉素钠400万单位，链霉素400万单位，分别肌内注射，每天2次，连用5天 （3）西地兰D 3毫升，肌内注射，每天1～2次，连用5天

196 羊口疮怎样用药治疗？

羊口疮又称羊传染性脓疱性皮炎，是由病毒引起的绵羊和山羊的一种接触性传染病，以口唇、舌、鼻、乳房等部位形成丘疹、水疱、脓疱和结成疣状结痂为特征。发现羊感染羊口疮病毒发病时，首先将发病羊与全群隔离饲养，羊圈及圈舍周围用聚维酮碘或生石灰进行消毒。发病羊的处理：先用盐水清除痂垢后，口疮初期，可用 0.3%的高锰酸钾溶液冲洗口腔，糜烂面可涂以 1%～3%的硫酸铜溶液，每天 1～2 次；再用 2%的碘甘油或 2%的龙胆紫涂搽创面。同时防止继发感染，可青霉素 160 万单位、链霉素 100 万单位，肌内注射，每天 1 次，连用 3 天。

197 羔羊痢疾怎样防治？

羔羊痢疾是由魏氏梭菌 B 型引起的初生羔羊的一种急性毒血症，以剧烈腹泻和小肠发生溃疡为其特征。本病主要危害 7 日龄以内的羔羊，其中又以 2～3 日龄的发病最多，7 日龄以上的很少患病。该病的防治措施如下：

（1）预防

① 产羔前对产房作彻底消毒，可选用 1%～2%的热烧碱水或 20%～30%石灰水喷洒羊舍地面、墙壁及产房一切用具。

② 刚分娩的羔羊留在家里饲养，可口服青霉素片，每天 1～2 片，连服 4～5 天。

③ 灌服土霉素，每次 0.3 克，连用 3 天。

④ 对母羊注射羔羊痢疾菌苗两次，一次在分娩前 25 天左右，皮下注射 2 毫升，隔 10 天再注射 3 毫升。

（2）治疗

① 土霉素、胃蛋白酶各 0.8 克，每小时加水灌服一次。

② 土霉素、胃蛋白酶各 0.8 克，碱式硝酸铋、鞣酸蛋白各 0.6 克，分为包，每小时加水灌服 1 次，连服 2～3 天。

③ 磺胺脒、胃蛋白酶、乳酶生各 0.6 克，分成包，每小时加水灌服 1 次，连用 2～3 天。

④ 磺胺脒、乳酸钙、碱式硝酸铋、鞣酸蛋白各等份，充分混合，每天灌服2次，每次1.0～1.5克，连服3～5天。

⑤ 严重失水或昏迷的羔羊除用上述药方外，可静脉注入5％葡萄糖生理盐水20～40毫升，皮下注入阿托品。

198 牛羊体外寄生虫病有哪些？怎样用药？

牛羊体外寄生虫病主要有螨病、蜱病、皮蝇蛆病、蠕形螨病。可参考表9-7提供的用药方案进行治疗。

表9-7 牛羊体外寄生虫病用药方案

病名	主要症状和病变	主治药剂与用法用量
螨病	患部剧痒，结痂，脱毛和皮肤炎症	(1) 1％伊维菌素，每千克体重0.2毫克，皮下注射，隔7～10天重复一次 (2) 螨净500毫升，1：300稀释，体表喷洒 (3) 敌百虫30克，配成0.5％～1％水溶液体表喷洒，5天后重复一次。勿与碱性药物同用
蜱病	厌食和代谢障碍，急性上行性引起"蜱瘫痪"，即肌萎缩性麻痹	(1) 1％伊维菌素每千克体重0.2毫克，皮下注射，隔7～10天重复一次。用药后28天内的乳汁不得供人食用 (2) 1％敌百虫溶液100毫升，体表喷洒，每周1次，连用3～4次 (3) 每升45毫克的高效氯氰菊酯乳油100毫升，体表喷洒，每周1次，连用3～4次。也可用每升25毫克溴氰菊酯乳油、每升150毫克哒嗪酮乳油、每升250毫克螨净乳油等体表喷洒
蠕形螨病	皮肤上形成结节或脓包	(1) 1％伊维菌素每千克体重0.2毫克，皮下注射，隔7～10天重复一次 (2) 1.25％双甲脒乳油每千克体重250毫克，患部涂擦，间隔7～10天重复一次
皮蝇蛆病	皮肤痛痒，精神不安，背部皮下隆起，穿孔，消瘦，贫血	(1) 1％伊维菌素每千克体重0.2毫克，皮下注射 (2) 倍硫磷，每千克体重5～10毫克，混于液体石蜡制成1％～2％溶液背部浇泼 (3) 蝇毒磷每千克体重10毫克，口服 (4) 皮蝇磷每千克体重100毫克，制成丸剂口服

199 牛羊食盐中毒怎样用药？

牛羊发生食盐中毒主要因为摄入过多的食盐引起，一般采取立即停喂含盐饲料，并大量饮水，可用 10％葡萄糖酸钙 1 000～1 500 毫升，静脉注射，每天 1 次。出现神经症状时可用 25％硫酸镁 100～120 毫升，肌内注射或静脉注射，以镇静解痉。重症配合强心补液。出现脑水肿，可用 25％山梨醇或 20％甘露醇 1 000 毫升，静脉注射。

200 牛瘤胃积食怎样用药？

[症状] 牛瘤胃积食也叫急性瘤胃扩张，牛发病初期，食欲、反刍、嗳气减少或停止，鼻镜干燥，表现为弓腰、回头顾腹、踢腹、摇尾、卧立不安。触诊时瘤胃胀满而坚实呈现沙袋样，并有痛感。叩诊呈浊音。听诊瘤胃蠕动音初减弱，以后消失。严重时呼吸困难、呻吟、吐粪水，有时从鼻腔流出。如不及时治疗，多因脱水、中毒、衰竭或窒息而死亡。

治疗应及时清除出瘤胃内容物，恢复瘤胃蠕动，解除酸中毒。

（1）按摩疗法　在牛的左肷部用手掌按摩瘤胃，每次 5～10 分钟，每隔 30 分钟按摩 1 次。结合灌服大量的温水，则效果更好。

（2）腹泻疗法　硫酸镁或硫酸钠 500～800 克，加水 1 000 毫升，液状石蜡或植物油 1 000～1 500 毫升，灌服，加速排出瘤胃内容物。

（3）促蠕动疗法　可用兴奋瘤胃蠕动的药物，如 10％高渗氯化钠 300～500 毫升，静脉注射，同时用新斯的明 20～60 毫升，肌内注射能收到好的治疗效果。

（4）洗胃疗法　用直径 4～5 厘米、长 250～300 厘米的胶管或塑料管一条，经牛口腔，导入瘤胃内，然后来回抽动，以刺激瘤胃收缩，使瘤胃内液状物经导管流出。若瘤胃内容物不能自动流出，可在导管另一端连接漏斗，向瘤胃内注温水 3 000～4 000 毫升，待漏斗内液体全部流入导管内时，取下漏斗并放低牛头和导管，用虹吸法将瘤胃内容物引出体外（图9-4）。如此反复，即可将内容物洗出。

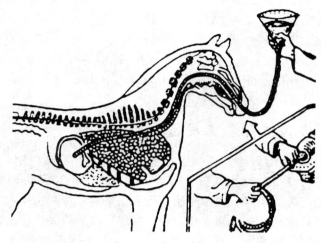

图9-4 洗胃疗法

（5）补液疗法 病牛饮食欲废绝，脱水明显时，应静脉补液，同时补碱，如25%的葡萄糖500~1 000毫升，复方氯化钠液或5%糖盐水3~4升，5%碳酸氢钠液500~1 000毫升等，一次静脉注射。

（6）切开瘤胃疗法 重症而顽固的积食，应用药物不见效时，可行瘤胃切开术，取出瘤胃内容物。

201 **奶牛生产瘫痪怎样用药？**

（1）治疗用药 采用静脉注射钙剂、乳房送风或乳房内注入疗法，可迅速提高血钙水平，消除脑缺血和缺氧状态，使其调节血钙平衡的功能得以恢复，是治疗奶牛生产瘫痪最有效的方法，且治疗越早效果越好。

① 静脉注射钙剂，提高血钙水平：常用20%~30%的硼葡萄糖酸钙溶液，一次注射300~500毫升。由于硼葡萄糖酸钙的副作

用及对组织的刺激性较其他钙剂小，因此，在治疗此病时，一般将硼葡萄糖酸钙溶液总注射量的 1/2 做皮下注射，其余做静脉注射；也可使用 10% 的葡萄糖酸钙注射液，但应加大剂量，一次静脉注射剂量必须在 500 毫升左右；或者用 10%～25% 的葡萄糖溶液 1 000～2 000 毫升，加 10% 氧化钙注射液 100～200 毫升，静脉注射。

注射钙剂时，速度宜缓慢（一般注射 500 毫升溶液至少需要 10 分钟的时间），同时应密切注意心脏情况。如果一次注射后不能显著好转，6 小时后可重复注射，但最多不得超过 3 次。如果 3 次注射后病情仍不见好转，即可证明钙剂疗法对此病例无效，可能是误诊或有其他并发症。

② 乳房送风疗法：乳房送风疗法是治疗奶牛生产瘫痪最有效和最简便的方法之一，特别是对于使用钙剂反应不佳或复发的病例更有益。空气进入乳房内后，刺激乳腺内的神经末梢，传至大脑可提高其兴奋性，消除抑制状态；其次可增加乳房内压力，压迫乳房血管，减少乳房的血流量，抑制泌乳，从而增加全身血容量，使血钙的含量不再减少。

向乳房内打入空气需要乳房送风器。使用前应将送风器的金属筒消毒并在其中放置干燥消毒棉花，以便过滤空气，防止感染。打入空气前，使奶牛侧卧，挤净乳房中的积奶并消毒乳头，然后将乳导管（尖端涂少许润滑剂）插入乳头管内，注入含青霉素 10 万单位、链霉素 0.25 克的生理盐水 20～40 毫升。

4 个乳区均应打满空气。打入的空气量以乳房皮肤紧张、乳腺基部的边缘清楚并且变厚，同时轻敲乳房呈现鼓响音时为宜。如打入的空气不够，不会产生效果；打入空气过量，可使腺泡破裂，发生皮下气肿。打气之后，用宽纱布条将乳头轻轻扎住，防止空气逸出，待病牛起立后，经过 1 小时，将纱布条解除。

绝大多数病牛在打入空气后 10 分钟左右鼻镜开始湿润，15～30 分钟眼睛张开，开始清醒，头颈姿势恢复自然状态，反射及感觉逐渐恢复，体表温度也随之升高。驱之起立后，立刻采食，除全身肌肉尚有颤抖及精神稍差外，其他均恢复正常。

③乳房内注入疗法：本法可获得与乳房送风法相同的效果。方法是用注射器通过导乳管向乳房内注入健康的鲜牛奶。前乳区各注入200毫升，后乳区各注入250毫升左右，以见到乳头管口溢出乳汁为宜。

④其他对症疗法：用钙剂和其他方法治疗效果不明显或无效时，也可应用胰岛素和肾上腺皮质激素，同时配合应用高糖和2%～5%碳酸氢钠注射液治疗。一般地塞米松用量为20毫克/次；氢化可的松用量为25毫克/次（加入2000毫升葡萄糖生理盐水中静脉注射），每天2次，用药1～2天；对怀疑血磷及血镁也降低的病例，在补钙的同时应静脉注射40%葡萄糖溶液、15%磷酸钠溶液各200毫升，以及25%硫酸镁溶液50～100毫升。

⑤加强护理，积极防治并发症：在治疗过程中，对病牛要加强护理。如多铺垫草，勤按摩体表，经常改变体位，天冷时要注意保暖。病牛侧卧时间过长，要设法使其转为伏卧或将牛翻转，防止发生褥疮。病牛初次起立时，仍有困难或站立不稳，必须注意扶持，避免跌倒引起骨骼及乳腺损伤。同时，应根据机体变化情况，进行对症治疗。如病情危重，可注射强心剂；瘤胃臌气要穿刺排气；直肠蓄粪可进行灌肠。但应注意不要经口投药，因咽部麻痹，易引起异物性肺炎。

（2）预防措施　许多试验表明，在干奶期间，最迟从产前2周开始，给奶牛饲喂低钙高磷饲料，减少从日粮中摄取的钙量，是预防生产瘫痪的一种有效方法。采用这种方法可以激活甲状旁腺的功能，促进甲状旁腺素的分泌，从而提高吸收钙及动用骨钙的能力。为此，在干奶期间，可将奶牛每天摄入的钙量限制在60克以下，增加谷物精料的数量，减少饲喂豆科植物干草及豆饼等，使摄入的钙、磷比例保持在1～1.5∶1；分娩前后，立即将摄入的钙量增加到每天每头125克以上；产后应立即静脉注射葡萄糖酸钙溶液。

应用维生素D制剂也可有效地预防生产瘫痪。可在分娩后立即肌内注射 10 毫克双氢速甾醇；分娩前 8～2 天，一次性肌内注射维生素 D_2 1 000 万单位，或按每千克体重 2 万单位的剂量应用；产前 24 小时还可肌内注射维生素 D_3 1 毫克，如未按预产期分娩，则每隔 48 小时重复应用 1 次；或产前 3 天静脉注射25 -羟基胆固化醇 200 毫克，都可降低奶牛生产瘫痪的发病率。但采用上述方法时，如果不能精确预计分娩的时间，分娩前很早就开始用药，反而会增加发病率，这些必须加以注意。

202 奶牛产后胎衣不下怎样用药？

奶牛胎衣不下在治疗上主要采取药物治疗，在药物效果不明显或者没有明显好转的时候，可以考虑与手术剥离相结合的办法。药物治疗主要原则是促进子宫收缩，加速胎衣排出、消炎。

（1）抗生素类　金霉素 1 克或土霉素 2 克，用 10％生理盐水 500 毫升溶解，温热后注入子宫，促使胎儿胎盘缩小，利于胎衣排出。对于伴有体温升高等全身症状的必须考虑全身性用药，减少炎症的不利影响。在针对子宫内膜炎治疗过程中，尤其是久治不愈奶牛，可以考虑使用溶菌酶类生物试剂，减少抗生素使用带来的风险。

（2）激素类　用垂体后叶素 50～100 单位，肌内或皮下注射，2 小时后再注射 1 次，最好是在产后 6～8 小时使用，12 小时以内使用效果佳；也可用催产素 100 单位，麦角新碱6～10 毫克，皮下或肌内注射。

（3）辅助治疗类　用 10％氯化钠 500 毫升或者含糖盐水 1 000～2 000毫升，1 次静脉注射。

（4）中药　中兽医认为奶牛胎衣不下是生产时耗气伤血、气虚血亏、气血运行不畅、子宫活动力减弱的结果，其治疗以补气益血为主，佐以行滞祛瘀、利水消肿。

牧场可以用"参灵汤"，中药主要成分如下：黄芪、党参、生薄荷、五灵脂、川芎、益母草各 30 克，当归 60 克，研为末，开水冲服；"加味生化汤"：当归 90 克、川芎 60 克、益母草 150 克、党参 60 克、黄芪 60 克、桃仁 30 克、红花 25 克、白术 60 克、山楂 60 克、炙甘草 15 克，用水煎服。可以根据不同牛只具体情况而下药，即使当时胎衣不脱离，但以后人工剥离，也有手到即脱的效果。

采用上述方法无效的病例，可以考虑进行手术剥离。但不宜早期进行，因为剥离胎衣容易造成子宫损伤或感染，且要判断出此阶段胎盘呈坏死样，并且能用最小的力量从肉阜上剥离。对于滞留的胎衣，不提倡强行剥离，只有有丰富经验的兽医可行。

具体操作：剥胎衣前，最好先用温水灌肠，排出直肠中积粪或用手掏尽，防止在阴道检查时污染。经验少的兽医人员可用绷带缠尾，交给助手拉向一侧，然后用 0.3％高锰酸钾洗涤外阴部，并用碘伏或新洁尔灭等消毒液在有效浓度情况下消毒，向子宫内注入 10％氯化钠 500 毫升，主要是起到高渗脱水的作用。剥离时，左手握住外露胎衣，右手顺阴道伸入子宫，寻找子宫叶；先用拇指找出胎儿胎盘的边缘，然后将食指或拇指伸入胎儿胎盘和母体胎盘之间，把它们轻轻拱开。剥离子宫角尖端的胎衣比较困难，这时可轻拉胎衣，再将手伸向前下方，迅速抓住尚未脱离的胎盘，即可较顺利地剥离胎衣（图 9-5）。剥胎衣完毕后，可用依沙吖啶和土霉素等冲洗，以防子宫感染（图 9-6）。必要时每天 1 次，连用 3 天。

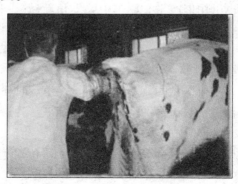

图 9-5　手术剥离胎衣

图 9 - 6　药物冲洗子宫

203 奶牛乳房炎怎样用药？

奶牛乳房炎在生产中发病率可高达 78％以上，被列为奶牛的四大疾病之一。此病不仅给养殖业造成的损失是严重的，而且给人类的健康也带来不小的危害。

（1）西药治疗　对于患病初、中期宜杀菌消炎。选择用量小，疗效高而持久敏感的药物。对于严重患畜，先治标救命，采用大输液疗法；慢性型，硬块难消，乳区病灶，作环行封闭式穴位注射，或乳基深部注射，乳房灌注，药浴。

西医用药以抗菌消炎、解热镇痛为主，改善血液循环为辅。常用的抗菌药物有青霉素、链霉素、四环素、卡那霉素和磺胺类药。常规的方法是将药液稀释成一定的浓度，通过乳头管直接注入乳池，可以在局部保持较高浓度，达到治疗目的。具体操作为先挤净患区内的乳汁或分泌物，碘酊或酒精擦拭乳头管口及乳头，经乳头管口向乳池内插入接有胶管的灭菌乳导管或去尖的注射针头，胶管的另一端接注射器，将药液徐徐注入乳池内。注毕抽出导管，以手指轻轻捻动乳头管片刻，再以双手掌自乳头乳池向乳腺乳池再到腺泡管顺序轻度向上按摩挤压，迫使药液渐次上升并扩散到腺管腺泡。每天注入 2～3 次。

［注意事项］

① 乳导管、乳头、术者手均要做好消毒。

② 乳房内的乳残留物应挤净，如有脓汁不易挤出时，可先用2％～3％苏打水使其"水化"。

③ 抗生素宜选用经药敏试验后的有效药物，要注意药物疗效和耐药性，应适当更换。

④ 注药后，可轻轻捏一下乳头，防止漏出。

⑤ 对严重病例可注入0.02％雷佛奴耳，0.1％高锰酸钾等防腐药液，每日1～2次，注入后轻轻挤出。也可用0.25％～0.5％盐酸普鲁卡因作乳房基部封闭。当并发全身症状或乳池注入困难时，可肌内注射或静脉注射抗生素。

（2）中草药治疗　中医用药以清热解毒、消痈散肿、活血化瘀为主，以健脾胃为辅，可单用，亦可与西药共用，均有良好的效果。现介绍几种方剂：

① 瓜蒌散：瓜蒌60克，当归40克，乳香30克，没药30克，甘草15克，研成细末后，用开水冲候温灌服。如肿痛严重，可加清热解毒、行气散结的蒲公英、金银花；有血、乳凝块者，可加川芎、桃仁、炒侧柏叶。

② 防腐生肌散：枯矾500克，陈石灰50克，熟石膏400克，没药400克，血竭250克，乳香250克，黄丹50克，轻粉50克，冰片50克。用法：共为极细末，混匀装瓶备用。用时撒于创面或填塞创腔。可祛腐、敛疮、生肌。主治痈疽疮疡。

③ 乳炎散：将金银花100克，蒲公英100克，连翘60克，黄连35克，花粉55克，赤芍45克，白芷45克，皂刺45克，混拌均匀，加水2 000克浸泡60分钟，放于火炉上烧沸后，将炉火调至文火煎熬40分钟即成。加入250毫升白酒，每间隔12小时灌服1次，一般2～3次即可痊愈，治疗慢性乳房炎效果好。有关试验结果表明，金银花、连翘和蒲公英及其复方制剂对牛乳腺炎主要病原菌（大肠杆菌、金黄色葡萄球菌、无乳链球菌和停乳链球菌），均具有较强的体外抗菌活性。

④ 仙人掌：急性乳房炎多于胃热壅盛所致热毒蕴结，经脉受阻，气血瘀滞，热盛内腐而成。仙人掌为苦寒之物，入心肺胃经，

外敷具有行气活血，清热解毒之效。若转为急性乳房炎，取仙人掌数片，去刺捣烂成泥，涂抹患畜乳房上，每天 1 次，3～5 天即愈。乳房红肿消失，挤奶畅通，患畜无疼痛的表现。仙人掌低价易得，是治疗急性乳房炎的一味良药。

⑤ 清热消炎膏：生大黄 120 克，蚤休 80 克，皂刺 100 克，陈醋 500 毫升，95％乙醇 300 毫升。制法：生大黄粗粉浸泡于醋和乙醇中。蚤休、皂刺共煎煮 3 次，过滤弃渣，滤液加入到醋、醇中共浸泡 5～7 天，过滤弃渣，文火煎熬至流浸膏，加入尼泊金甲酯 0.1％，搅拌均匀即得。使用时将患部洗净后涂搽肿胀部位。涂后几小时肿块渐散，每天 1～2 次，3 天痊愈。该药膏适应慢性型，硬结难消的患症和隐性乳房炎。

（3）其他疗法

① 激光治疗：有试验采用 8 兆瓦功率的氦氖激光照射乳中穴，照射距离为 30～40 厘米，时间为 10 分钟，连续 3 天，治疗隐性乳房炎有效。

② 乳房按摩、冷敷、热敷和增加挤奶次数：每次挤奶时按摩乳房 15～20 分钟，炎症初期进行冷敷，2 天后炎症不再发展时方可进行热敷。应注意，出血性乳房炎不可进行按摩和热敷。对患乳房炎的乳区，应增加挤奶次数以利炎性产物排出，保持乳导管畅通，促进脓疱消失，其重要性甚至超过注射抗生素。

③ 手术治疗：对有价值的奶牛浅表性、化脓性乳房炎可进行手术切开排脓，并加强术后护理；深层化脓性乳房炎可先用注射器抽出其内容物，然后向脓腔内注入 40 万单位青霉素；当发生坏疽性乳房炎时，可用 10％硝酸银或硝酸铜棒腐蚀后，再用 3％的过氧化氢或过氧化钾液充分洗涤，如坏疽部分较大，可进行手术切除。

④ 碘伏治疗：用 5％碘伏 20 毫升加注射用水至 80 毫升后，经乳导管缓慢注入患病乳房，轻轻捻转乳头 1～2 次，轻揉按摩乳房 2～3 分钟，每天 1 次，连续用药，至临床症状消退。

204 牛酮病怎样用药？

酮病又称酮血症、酮尿病，多发生在高产奶牛以及饲养管理水平低劣的牛群，产后3周到2个月和第3～6胎次年龄的牛发病率高，冬季比夏季发病率高。酮病是一种糖代谢障碍性疾病，临床特征为消化障碍和神经症状，血液化验特点是血酮增高血糖低。

（1）预防用药 关键是科学饲养管理，合理调配日粮，特别是对高产乳牛，要喂给足够的碳水化合物。从分娩前6周起，每天日粮中添加生糖物质丙酸钠100克或甘油350克。有条件的奶牛场，可定期检查高产乳牛尿液中的酮体含量，尤其是对有酮病病史的乳牛。这样能早期发现，及时治疗，从而缩短病程，提高疗效，减少生产损失。

（2）治疗 治疗原则是以提高血糖含量为主，配合解除酸中毒和调整胃肠机能。给患畜增喂甜菜、玉米渣子、胡萝卜及干草等，减少饼、粕、黄豆等精料，并适当运动。

① 提高血糖含量：25％葡萄糖液500～1 000毫升，一次静脉注射，每天2次。对重症昏迷病牛，应同时肌内注射胰岛素100～200单位。应用生糖物质甘油或丙二醇500克内服，每天2次，连用2天后半量再服2天。也可用丙酸钠120～200克，混于饲料内饲喂或灌服，连用7～10天，因其吸收后参与糖原合成，治疗效果较好。为了促进糖原异生作用，应用氢化可的松1.5克，或促皮质激素1克，皮下注射，对缓解症状，效果理想。

② 解除酸中毒：内服碳酸氢钠50～100克，每天2次。也可静注5％碳酸氢钠液500～1 000毫升，每天1次。

③ 调整胃肠机能：喂服健康牛瘤胃液3～5升，每天2～3次。或脱脂乳2升，蔗糖500～1 000克，一次内服，每天1次，连用3天，恢复瘤胃机能效果好。为缓解神经症状，兴奋瘤胃，增强心脏机能，可静注钙剂。投服水合氯醛，除具有镇静作用外，还能促进瘤胃内的淀粉分解，同时可抑制发酵，从而减少甲烷生成，促进丙

酮生成丙酸过程。此外，氯化钾、阿司匹林、维生素 B_{12} 等也广泛用于酮病的治疗。

205 养兔场常备药物有哪些？

养兔场常备的药物有：

（1）抗生素

① 青霉素：属广谱抗生素。对兔葡萄球菌、结核杆菌、兔螺旋体等病原微生物引起的肺炎、结核、膀胱炎、皮下脓肿、乳房炎等有效。具有类似疗效的抗生素还有红霉素、洁霉素、多黏菌素、泰乐菌素、新生霉素等。

青霉素多为粉针，用时先加入适量注射用水或生理盐水溶解后，作肌内注射，用量为每千克体重 4 万～6 万单位，每天 2 次，连用 3～5 天。不可加热，不可与四环素、土霉素及磺胺等药混合用。

② 硫酸庆大霉素：属广谱抗生素。主要用于兔大肠杆菌病、绿脓杆菌感染、肺炎、尿道感染、肠炎（拉稀）、巴氏杆菌病。肌注或口服，大兔 2 毫升/只，小兔 1 毫升/只，每天 1～2 次，连用 3～5 天。

③ 卡那霉素：广谱抗生素。多用于呼吸道、肠道、尿道感染。如肺炎、下痢、乳房炎、皮下脓肿、子宫炎等。肌注，每千克体重 10～20 毫克，每天 2 次，3～5 天。如药液出现发黄结块现象，则不能使用。

（2）磺胺类药 这类药物是人工合成的化学药品，具有抗菌谱广（只抑制无杀菌作用）、价格低的特点，常用的有磺胺嘧啶（SD）、磺胺二甲嘧啶（SM₂）、磺胺甲噁唑（SMZ）、磺胺异噁唑（SIZ）等。

常用于兔副伤寒、球虫病、胃肠炎、呼吸道疾病（鼻炎、肺炎）乳房炎、尿道感染等。一般以口服为好，每千克体重 0.1～0.2 克，每天 2 次，连用 3～5 天。

避光保存，非复方磺胺药使用时，应与抗菌增效剂 TMP 按

5:1的比例配合交叉使用，不宜同时配搭使用。用磺胺药时，应使兔子多饮水，若出现磺胺药过敏（中毒）现象，应立即停药，并在饮水中加入1%碳酸钠或5%葡萄糖溶液，同时加喂维生素 B_1 或维生素 E，加强饲养管理。

（3）**抗球虫药**　常用的有氯苯胍、盐霉素、地克珠利、球虫净。

① 氯苯胍：常用于预防和治疗兔的各类球虫病。以每千克饲料中加 250～300 毫克氯苯胍，作仔兔补饲料，进行仔兔补饲，预防效果很好。治疗量加倍，连用1～2周。

② 盐霉素：如用于预防兔球虫病，每千克饲料中添加盐霉素25毫克，如治疗则加50毫克。连喂1周。

③ 地克珠利：对兔球虫（肠型、肝型、混合型）各个生育期的卵囊均有效。一般预防用量为每吨水中加10毫克，作兔的饮水用，连续3～5天；治疗量加倍。

④ 球虫净：用于防治兔球虫病，口服，每千克体重50毫克，每天2次，连用5天。

（4）**抗螨虫药**

① 敌百虫：配成1%溶液可对兔螨病进行预防，2%作治疗用。用敌百虫防治螨病，必须注意：只能选用兽用精制敌百虫，禁用农用敌百虫；只能外用（作局部涂擦或浸泡），不能口服；治疗后必须除去兔体上的残留药液；治疗后6～7天必须重复治疗一次。

② 溴氰菊酯：对兔螨虫有很强的驱杀作用。用棉籽油稀释1 000倍涂擦于患部。

③ 二嗪农：预防使用，将二嗪农药液按3：10 000 比例加水混匀，治疗可按3：5 000 比例加水稀释，用稀释液擦洗患部。预防每月用1次，治疗，每5～6天1次，连用2～3次。

④ 阿维菌素：又叫阿福丁、灭虫丁、克虫星等，对兔螨病有很好的防治效果，并对体内线虫和体外虱、蜱等寄生虫有效。每千克体重用0.3毫克口服，或每千克体重0.2毫升皮下注射，每1～2个月用药1次。

（5）其他常用药物

①酵母：内含 B 族维生素，可治疗因维生素 B 缺乏引起的消化不良和神经症状。每只兔每次 1～2 毫升。

②人工盐：助消化，可治消化不良。每只兔每次 1～2 克口服。

③大黄苏打片：可治消化不良，主要用于兔的消化紊乱，兔粪变软，每只兔口服 1～2 片；兔粪变小，变硬，每只兔口服 3～4 片。

④乳酶生：可治疗消化不良，每只兔内服 2～3 片。

⑤液状石蜡：治疗便秘、腹胀。每只兔内服 10～15 毫升。

⑥次碳酸钙片：治疗一般性腹泻，每兔口服 2～4 片。

⑦安痛定：可治疗由感冒引起的发烧，每只兔肌内注射 0.5～1 毫升。

206 兔场常见细菌性疾病有哪些？怎样用药？

兔场常见细菌性疾病有兔巴氏杆菌病、兔魏氏梭菌病、兔大肠杆菌病、兔沙门氏菌病和兔葡萄球菌病等。这些病的用药方案可参考表 9-8 进行治疗。

表 9-8　兔常见细菌性疾病的用药方案

病名	主要症状和病变	主治药剂与用法用量
兔巴氏杆菌病	病兔呈现鼻炎，地方流行性肺炎，败血症，中耳炎（斜颈病），结膜炎，脓肿，子宫炎及睾丸炎等症状	（1）青霉素每千克体重 2 万单位、链霉素每千克体重 2 万单位，肌内注射，每天 2 次，连用 3～5 天 （2）红霉素每千克体重 10 万～15 万单位，肌内注射，每天 2 次，连用 3 天 （3）卡那霉素每千克体重 2 万单位，肌内注射，每天 2 次，连用 3 天 （4）庆大霉素每千克体重 2 万单位，肌内注射，每天 2 次，连用 3 天 （5）磺胺二甲嘧啶每千克体重 0.1 克，口服，每天 1～2 次，连用 5 天。或磺胺嘧啶每千克体重 0.1～0.3 克，每天 2 次，连用 5 天，首次量加倍

（续）

病名	主要症状和病变	主治药剂与用法用量
兔魏氏梭菌病	病兔开始下黑褐色软粪，很快变为排黑色水样或带血的胶样粪便，有特殊的腥臭味	（1）复方新诺明片口服，每千克体重30～50毫克，每天1次，连用3天。或磺胺脒，首次量每千克体重0.2克，维持量减半，每天2次，连用3天 （2）土霉素，每只兔每次0.01～0.05克，口服，每天2次，连用3天。也可按每千克饲料添加金霉素0.01克。红霉素按每千克体重注射20～30毫克，每天2次，连用3天 （3）2%恩诺沙星注射液每千克体重1毫升，重泻停每千克体重0.5毫升，每天2次，连用3天 同时，可喂多种维生素电解质，进行补液，或口服人工补液盐。对利用价值高的兔（如种兔），可以静脉注射5%葡萄糖盐水或林格氏液30～50毫升。对治疗康复兔喂健康兔的软粪少许，以调整肠道菌群平衡
兔大肠杆菌病	排粥样、胶冻样粪便，以及一些两头尖的干粪，随后出现水样腹泻。体温正常或降低，四肢冰凉，磨牙，消瘦，衰竭而死	（1）肌内注射或口服庆大霉素，每千克体重2万～3万单位，每天2次，连用3天 （2）口服磺胺类药物： ①新诺明片首次量每千克体重0.1克，维持量减半，每天2次，连用3天。②复方新诺明（片剂，每片含增效剂TMP 0.08克、新诺明0.4克）每千克体重喂0.03克，每天1次。③磺胺脒首次量每千克体重0.2克，维持量减半，每天2次。④长效磺胺（片剂，每片0.5克）首次量每千克体重0.1克，维持量0.07克，每天1次 （3）全群用药，恩诺沙星（或环丙沙星）每升水30～50毫克，混饮；每千克饲料60～100毫克，混饲。治疗后期喂活菌制剂或健康兔的软粪少许，以平衡肠道菌群，促进康复

（续）

病名	主要症状和病变	主治药剂与用法用量
兔葡萄球菌病	幼龄兔和一些敏感兔呈败血型经过，多数病例只引起一些器官组织发生化脓性炎症	（1）全身治疗： ①氨苄青霉素或普鲁卡因青霉素，每千克体重5～10毫克，肌内注射，每天2次，连用4天 ②磺胺二甲嘧啶，每千克体重首次量0.1～0.3克，维持量减半，口服，每天2次，连用3～5天 （2）局部治疗： ①局部脓肿、溃疡、脚皮炎和外生殖器炎，先以外科手术排脓和清除坏死组织，再用0.1%依沙吖啶溶液或0.1%新洁尔灭溶液或0.1%高锰酸钾溶液清洗患部，然后撒布青霉素和链霉素（1∶1）的混合粉，或涂青霉素软膏、红霉素软膏等药物 ②乳房炎较轻者，先用0.1%高锰酸钾溶液清洗乳头，局部涂以鱼石脂软膏或青霉素软膏；严重者用0.1%普鲁卡因注射液10～20毫升加青霉素20万～40万单位，在乳房硬结周围分点封闭注射，每天1次，连续3～5天 ③鼻炎患兔，先用0.1%高锰酸钾溶液清洗鼻部干痂后，用青霉素滴鼻处理
兔沙门氏菌病	病兔腹泻并排出有泡沫的黏液性粪便，体温升高，废食，渴欲增加，消瘦。母兔从阴道排出黏液或脓性分泌物，阴道潮红、水肿，流产胎儿皮下水肿，很快死亡。孕兔常流产后死亡，康复兔不能再怀孕产仔	（1）链霉素每千克体重2万单位，肌内注射，每天2次，连用3天 （2）琥珀酰磺胺噻唑每千克体重0.1～0.3克，每天分2次口服。磺胺二甲嘧啶每千克体重首次剂量0.2～0.3克，口服，维持量减半，每天2次，连用3～5天 （3）四环素粉针剂每千克体重20～40毫克，肌内注射，每天1次；四环素片剂每千克体重100～200毫克，口服，每天2次 （4）庆大霉素每千克体重2万单位，肌内注射，每天1～2次。环丙沙星或恩诺沙星每千克水50毫克，饮水；每千克饲料100毫克，混饲

（续）

病名	主要症状和病变	主治药剂与用法用量
兔沙门氏菌病	病兔腹泻并排出有泡沫的黏液性粪便，体温升高，废食，渴欲增加，消瘦。母兔从阴道排出黏液或脓性分泌物，阴道潮红、水肿，流产胎儿皮下水肿，很快死亡。孕兔常流产后死亡，康复兔不能再怀孕产仔	（5）土霉素每千克体重5～10毫克，静脉注射，每天2次，连用3天；口服，每只兔100～200毫克，分2次内服，连用3天 （6）取洗净的大蒜充分捣烂，1份蒜加5份清水，制成20%的大蒜汁，每只兔每次内服5毫升，每天3次，连用5天

207 防治兔球虫病的常用药物有哪些？怎样使用？

球虫病是家兔最常见且危害严重的寄生虫病，本病病原是兔艾美耳球虫。潜伏期为2～3天或更长。肠球虫病大多呈急性经过，幼兔常突然歪倒，四肢痉挛划动，头向后仰，发出惨叫，迅速死亡，或可暂时恢复，间隔一段时间，重复以上症状，最终死亡，部分兔死后口中仍有草或饲料。慢性肠球虫病表现为体质下降，食欲不振，腹胀，下痢，排尿异常，尾根部附近被毛潮湿、发黄。

断奶以后至3月龄的兔应用药物控制球虫病的发生，且不分季节。为防止产生抗药性，可采用几种抗球虫药物轮换使用。

常用预防球虫病的药物及用法：

抗球星以每100千克饲料混药100克饲喂。

氯羟吡啶以每100千克饲料混药20～25克饲喂，出口食品动物禁用。

兔球灵每天每千克体重50毫克口服或每100千克饲料50克混饲。

氯苯胍每天每千克体重15毫克拌料。

上述药物也可用于治疗，一般用预防剂量的 2～3 倍，毒性强的药物除外。不完全喂料时应在料中增加用药量。在众多抗球虫药中，含有马杜霉素的各种剂型的药，不能用于兔，否则会发生中毒死亡。

208 治疗兔腹泻常用药物有哪些？怎样使用？

家兔以腹泻为特征的疾病在临床中经常遇到，养兔场中时有发生，其发病率和致死率都很高，尤以 2 月龄以内的仔、幼兔较为多发。发生家兔腹泻的原因很多，用药治疗应区分对待。

（1）对消化不良病兔的治疗，应以清理胃肠、调整功能为主

① 清理胃肠：用硫酸钠或人工盐 2～3 克，加水 40～50 毫升，每天 1 次内服；或植物油 10～20 毫升，内服。

② 调整胃肠功能：可服用各种健胃剂，如大蒜酊、龙胆酊、陈皮酊 5～10 毫升，各酊剂可单独使用，也可配伍，配伍时的剂量酌减。

（2）对胃肠炎的治疗，应以杀菌消炎、收敛止泻、维护全身机能为主

① 内服磺胺类药，如磺胺嘧啶、磺胺脒等，初次量以每千克体重 0.14 克，维持量以每千克体重 0.07 克计算，每天 2 次，连服 3 天；或应用广谱抗生素，如新霉素按每千克体重 4 000～8 000 单位，肌内注射，每天 2～4 次，连用 3 天。

② 粪便臭味不大，仍腹泻不止时，可内服鞣酸蛋白 0.25 克，每天 2 次，连服 1～2 天。

③ 可静脉注射葡萄糖盐水、平衡液、5% 葡萄糖或林格氏液 30～50 毫升，20% 安钠咖 1 毫升，每天 1～2 次，连用 2～3 天。

209 治疗兔螨病常用药物有哪些？怎样使用？

防治兔螨病，首先从引种把关抓起，从无本病的种兔场购买种兔。定期用杀螨类药液消毒兔舍、场地和用具，保持兔舍干燥、清洁、通风良好。笼底板要定期替换，浸泡于杀虫、消毒溶液中洗刷

消毒。对兔群定期检查，发现病兔应隔离、治疗和消毒，尽量缩小传播范围。用外涂药治疗时要先剪去患部周围被毛，刮除痂皮，放在消毒液中，再用药物均匀涂擦患部及其周围。隔7～10天重复一次，以杀灭由虫卵新孵出的成虫。每次治疗结合全场大消毒，特别要对兔笼周围及笼底板严格细致消毒，以减少重复感染。

治疗兔螨病常用药物有敌百虫、溴氰菊酯、螨净、阿维菌素、伊维菌素等。

（1）敌百虫　配成1％溶液可对兔螨病进行预防，2％作治疗用。用敌百虫防治螨病必须注意：第一，只能选用兽用精制敌百虫，禁用农用敌百虫；第二，只能外用（作局部涂擦或浸泡）不能口服；第三，治疗后必须除去兔体上的残留药液；第四，治疗后6～7天须重复治疗一次。

（2）溴氰菊酯　对兔螨虫有很强的驱杀作用。用棉籽油稀释1 000倍液涂擦于患部。

（3）螨净　预防使用，将螨净药液按3：10 000比例加水混匀，治疗可按3：5 000比例加水稀释，用稀释液擦洗患部。预防每月用一次，治疗，每5～6天1次，连用2～3次。

（4）阿维菌素　又叫阿福丁、灭虫丁、克虫星等，是对兔螨病有很好的防治效果的一种常用药，并对体内线虫和体外虱、蜱等寄生虫有效。每千克体重用0.3毫克口服，或每千克体重0.2毫升皮下注射，每1～2个月用药1次。

210 治疗兔真菌病常用药物有哪些？怎样使用？

真菌病主要由须发癣菌、烟曲霉、黑曲霉、毛癣菌、小孢子菌等真菌感染所致，家兔一旦感染，其传染较迅速，而且会导致皮、毛的损害，是养兔业的一大危害。

兔感染真菌病后可采用以下措施和药物进行治疗。

（1）在作出明确诊断后，确定对病兔进行治疗或淘汰，对价值不大的病兔，为防病原扩散，可采取淘汰措施。

（2）局部治疗时，应先剪去患部的毛，再用肥皂水或3％来苏儿洗干净，然后可选择下列方法处理：

① 5％碘酊或10％水杨酸酒精，每天涂擦患部多次。

② 复方咪康唑软膏，每天涂敷患部2～3次。

③ 复方酮康唑软膏，每天涂敷患部2～3次。

④ 硝酸咪康唑乳膏，每天涂敷2次。

（3）口服药物治疗可选用以下方案：

① 灰黄霉素（粉剂），按每千克体重25毫克口服，每天1次，连续喂服14天。群体治疗，可在每千克饲料中加入40毫克，连喂14天。

② 制霉菌素（片剂），剂量为每只成年兔5万～10万单位，幼兔酌减，每天2～3次。

参考
文献
REFERENCES

胡功政，2004. 家禽用药指南 ［M］. 北京：中国农业出版社 .

沈建忠，2002. 兽医药理学 ［M］. 北京：中国农业大学出版社 .

陈杖榴，2001. 兽医药理学 ［M］. 北京：中国农业出版社 .

王明俊，李公喆，1998. 家畜用药指南 ［M］. 北京：中国农业出版社 .

朱模忠，2002. 兽药手册 ［M］. 北京：化学工业出版社 .

中国兽药典委员会，2015. 中华人民共和国兽药典 . 北京：中国农业出版社 .

　中华人民共和国农业部 . 兽药管理条例 .

中华人民共和国农业部公告第 176、193、1519、2292、2638 号 .

彩图1　兽药产品二维码追
　　　　溯查询

彩图2　注射剂包装破损

彩图3　注射剂出现絮状悬
　　　　浮物

彩图4　注射剂出现结晶

彩图5　注射剂出现变色

彩图6　中药注射剂出现
　　　　沉淀

彩图7　磺胺间甲氧嘧啶注
　　　　射液出现沉淀

彩图8　土霉素注射液出现
　　　　沉淀

彩图9　粉针剂出现结块

彩图10　可溶性粉出现结块

彩图11　散剂变色结块

彩图12　散剂潮解

彩图13　中药制剂潮解

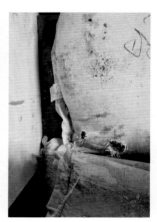

彩图14　中药添加剂出现鼠咬

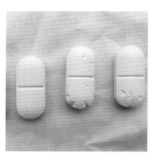

彩图15　片剂破损

彩图16　产品出现鼠咬

彩图17　拌料给药

彩图18　家兔饮水给药

彩图19　雏鸡皮下注射

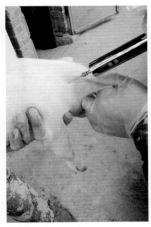
彩图20　仔猪肌内注射

彩图21　母猪静脉给药

彩图22　山羊颈静脉注射

彩图23　鸡肌内注射

彩图24　仔猪后海穴注射

彩图25　山羊后海穴注射

彩图26　山羊药浴

彩图27　山羊口腔皮下注射

彩图28　雏鸡点眼滴鼻

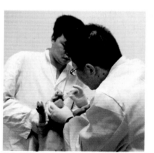
彩图29　仔猪经口给药